Ilce Nallely Orozco Montañez
Gabriela Zavala Hernández

# Análisis del proceso de atención al cliente mediante la teoría de fila

Análisis del proceso de atención al cliente mediante la teoría de fila

Ilce Nallely Orozco Montañez
Gabriela Zavala Hernández

# Análisis del proceso de atención al cliente mediante la teoría de fila

## Aplicación de la teoría de filas

Editorial Académica Española

**Imprint**
Any brand names and product names mentioned in this book are subject to trademark, brand or patent protection and are trademarks or registered trademarks of their respective holders. The use of brand names, product names, common names, trade names, product descriptions etc. even without a particular marking in this work is in no way to be construed to mean that such names may be regarded as unrestricted in respect of trademark and brand protection legislation and could thus be used by anyone.

Cover image: www.ingimage.com

Publisher:
Editorial Académica Española
is a trademark of
Dodo Books Indian Ocean Ltd. and OmniScriptum S.R.L publishing group

120 High Road, East Finchley, London, N2 9ED, United Kingdom
Str. Armeneasca 28/1, office 1, Chisinau MD-2012, Republic of Moldova, Europe
Printed at: see last page
**ISBN: 978-3-639-78351-3**

**"Análisis del proceso de atención al cliente mediante la teoría de filas"**

Elaborado por:

M.I.I Ilce Nallely Orozco Montañez

M.E.M Gabriela Zavala Hernández

**INDICE**

## INDICE DE FIGURAS

## INDICE DE TABLAS

## RESUMEN

Banco Azteca es una institución financiera de origen 100% mexicano que, desde su origen, se ha comprometido a impulsar la inclusión financiera. A través de sus productos y servicios de uso sencillo, se integra a la población desatendida por la banca tradicional al sistema financiero formal. Está convencido que a través de la bancarización y la inclusión financiera y digital es cómo se puede ayudar a generar una mayor prosperidad.

La implementación de herramientas estadísticas y distintas metodologías a las actividades que involucran las organizaciones facilitan el logro de sus objetivos, la mejora continua y la calidad en el servicio. Por ello en el presente proyecto se presentó la propuesta de hacer el "Análisis del proceso de atención al cliente mediante la teoría de filas en la empresa Elektra, validando un modelo de simulación que apoye a la organización en la toma de decisiones estratégicas para la reducción del tiempo de espera en el servicio."

El factor más importante a analizar es el tiempo de espera en el servicio y las causas que lo generan, ya que al ser demasiado extenso puede generar insatisfacción en los clientes y, por ende, que se pierda la preferencia por acudir a la empresa buscando satisfacer sus necesidades con otra institución del mismo giro.

Teniendo en cuenta lo anterior, se determinó una serie de pasos representada en la metodología, en la que se visualiza lo realizado a lo largo del proyecto para dar solución a la principal problemática sobre las largas filas de espera, posteriormente, a grandes rasgos se realizó un estudio de mercado a manera de encuesta, para conocer la opinión de los clientes sobre el servicio, al igual se realizaron algunas preguntas sobre sus principales actividades, movimientos y las causas que consideran acerca del tiempo que esperan para recibir el servicio, entre otros aspectos que de cierta manera sustentan las estrategias brindadas a la organización que al ser implementadas den un cambio significativo en cuanto al tiempo de espera por los clientes, de ahí se hizo una toma de tiempos acerca de la llegada de las personas a la fila y el tiempo que duran en ventanillas, para realizar pruebas estadísticas y posteriormente crear el proceso de manera muy similar a la realidad en el simulador SIMIO para validarlo y finalmente identificar la solución más viable que impacte en el problema que aqueja a la organización y así lograr el objetivo principal de la investigación y de la elaboración del proyecto.

## INTRODUCCIÓN

En la actualidad, las empresas financieras tienen una alta demanda de los servicios que proporcionan, acumulando largas filas de espera por los clientes en busca de atención, por lo que este es un problema latente en el que se ven inmersas las organizaciones constantemente. Es por ello que nuestro principal objetivo es dar solución a una de las mayores problemáticas que posee la empresa Elektra Banco Azteca de Puruándiro, Michoacán. Ya que se ha identificado que es una de las organizaciones en la que los clientes tienen mayor preferencia por sus servicios, y es indispensable que se mantengan de tal manera, cuidando aspectos como lo son la calidad del servicio y la satisfacción del cliente.

Primeramente, para adentrarnos en las causas que originan las filas de espera, se realizara un estudio de mercado que conste de preguntas concisas las cuales proporcionen información para comenzar el análisis, además, en el proyecto se llevará a cabo un estudio de factores como, el tiempo entre llegada de los usuarios a la fila y el tiempo que estos duran en las ventanilla, datos que servirán de apoyo para proceder con pruebas estadísticas y demás procedimientos mediante el uso y aplicación de la teoría de filas con ayuda de un software de simulación creando diferentes escenarios, para lograr encontrar la mejor solución a este problema y así brindar estrategias que puedan ser aplicadas por la empresa de manera práctica cuando así lo decidan y estas tengan un resultado que cause un impacto positivo en la organización y disminuyan este problema significativamente.

## DESCRIPCIÓN DE LA EMPRESA

### Caracterización del lugar

La institución bancaria se encuentra ubicada dentro del municipio de Puruándiro, Michoacán, Morelos 102, Centro. Es un banco de origen mexicano, compañía del Grupo Salinas, del empresario mexicano Ricardo Salinas Pliego. Dicho espacio geográfico se encuentra en disposición de dos servicios otorgados, la venta de electrodomésticos, dispositivos tecnológicos, vehículos, entre otros, y el servicio bancario que proporciona banco azteca en ventanillas. Al estar ubicada dicha empresa en un área central, su perímetro llega a ser reducido, ya que se cuenta con la exposición de ciertos artículos ya mencionados y esto abarca gran parte del espacio, lugar metropolitano comúnmente recurrido.

### Visión

Llevar bienestar y progreso a las familias de la base de la pirámide.

### Misión

Hacer sentir a cada socio que se sienta orgulloso de pertenecer al Banco Azteca, dar respuesta a las necesidades de nuestros clientes empleados, inversionistas y socios comerciales; al mismo tiempo contribuir con la sociedad y con las comunidades donde hacemos nuestros negocios

**Organigrama**

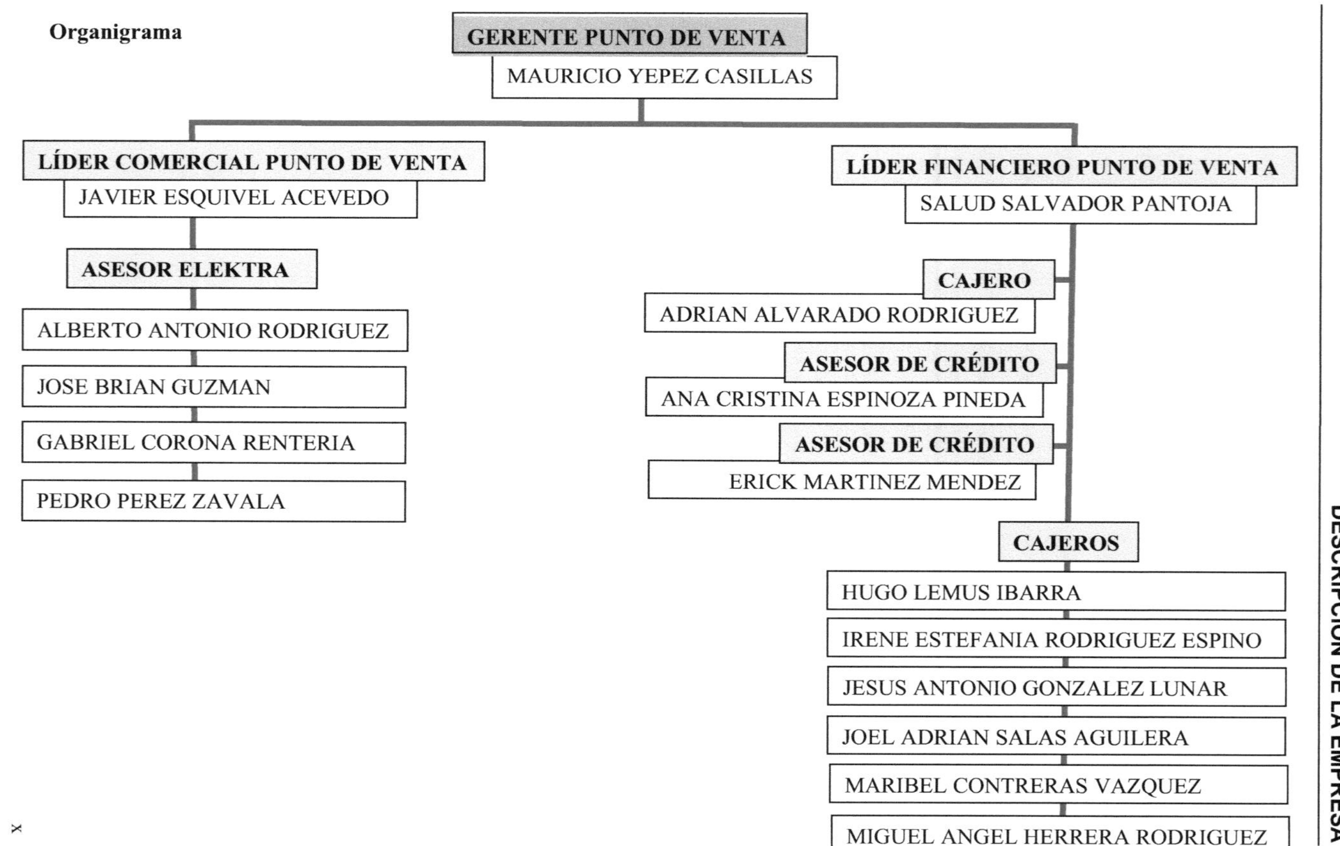

# CAPÍTULO 1. Marco de Referencia

# 1. MARCO DE REFERENCIA

## 1.1 Nombre del proyecto

Análisis del proceso de atención al cliente mediante la teoría de filas en la empresa Elektra, validando un modelo de simulación que apoye a la organización en la toma de decisiones estratégicas para la reducción del tiempo de espera en el servicio.

## 1.2 Antecedentes

Bajo el análisis de la investigación es importante mencionar que conocer las aportaciones previas que se han relacionado en el ámbito de la teoría de filas con la simulación han tenido gran impacto en las distintas organizaciones en que se ha implementado, haciendo mención sobre algunas de estas, como lo son:

Jiménez, (2008) usa una herramienta de investigación de operaciones (IO) como lo es la teoría de colas la cual busca modelar los procesos de líneas de espera, aplicado en una entidad financiera que posee problemas para la atención de sus clientes en la agencia principal, especialmente en la variable antes mencionada. Las colas que se presentan en el transcurso de los procesos de atención al usuario, indudablemente, tienen un modus operandi dependiendo de los días y las horas en que ocurre el evento; es deber de las empresas, pues, obtener el modelo de dicho comportamiento para adecuar su sistema de atención. Determinó que, en el caso que se utilizaran 3 promotores para el grupo 1 y en promedio los clientes estarán 30 minutos desde que entran a la agencia hasta que la abandonan, permitiendo aumentar la eficiencia de utilización de los recursos que posee, siempre y cuando los supuestos del modelo permanezcan constantes

Montoya, (2010) presenta un contraste entre los modelos de la teoría de colas y la simulación teniendo como principal objetivo evidenciar como estas dos áreas se complementan mutuamente. Debido a que con el modelo matemático se puede validar el modelo de simulación y este último permite al investigador profundizar mucho más en el análisis del sistema de colas objeto de estudio. Presentando, así como caso de estudio un sistema de atención en una entidad bancaria el cual se conforma por una línea de espera "Fila preferencial" y un servidor "El cajero" encargado de atender a los clientes respectivos.

Al ver los reportes que  la simulación entrega respecto al tiempo promedio que un cliente pasa en el sistema desde que llega a la fila hasta que es atendido por el cajero se observa cómo el

42.7% de dicho tiempo es asignado a la atención y el porcentaje restante es asignado al tiempo de espera por el servicio indicando claramente que el tiempo ocioso del cajero no es por su rapidez en la atención, sino, por el tiempo entre llegadas que se presenta actualmente, es decir, que si este tiempo se volviera más corto se presentaría inmediatamente un crecimiento significativo en el número de personas en la fila.

Al concluir, corrobora la importancia de la implementación de modelos de simulación ya que estos permiten profundizar en el comportamiento del sistema y la importancia de apoyar la simulación con modelos teóricos debido a que es una excelente forma de validar la representación, así el investigador podrá realizar cambios y ajustes con la tranquilidad de que los resultados obtenidos serán muy acordes a la realidad.

Vinueza (2017) En primer lugar, explica la teoría de colas como una de las herramientas estadísticas para la optimización de los servicios hospitalarios; se muestran los procedimientos de cálculo y las variables que deben registrarse. Para el análisis del sistema realizo la determinación de la distribución de los tiempos de llegadas de los pacientes, junto a la duración y los tiempos de atención, se propuso realizar una segmentación del día que permitió considerar la hipótesis de que las distribuciones de los tiempos de llegada y tiempos de atención eran uniformes en cada segmento horario. Finalmente, el modelo permitió calcular el número óptimo de servicios de emergencias en centros de salud primaria para que no exista riesgo alguno de desestabilización del sistema de emergencia hospitalario.

Consiste en un estudio de simulación de eventos discretos (DES) que permite evaluar el modelo de colas en una confitería, para determinar la venta de productos en el proceso de atención del usuario, garantizar un buen nivel de prestación del servicio y comparar sus ventas. El autor destaca la realización de su simulación a través de etapas: Realizar la fila, decidir qué comprar, qué medio de pago utilizar y la entrega del pedido.

La aplicación del modelo genera como resultado más del 60% de ingresos que el sistema real, recaudando 18 millones por el aumento de las transacciones y solo representa el 1.3% de la tasa de abandono con una pérdida de $1,094,500 aproximadamente (Junco, 2018).

Joa, (2018) Nos presenta la aplicación de la teoría de colas para la toma de decisiones en un escenario evidente en el sector salud como lo es una farmacia, donde se generan constantemente estas líneas de espera. Al mismo tiempo determinar desde el enfoque de la teoría de colas las variables y medidas de rendimiento del sistema de servicio para así realizar la toma de decisiones a corto y mediano plazo en función de ofrecer un mayor y mejor servicio.

Como resultado se determinó que, para el sistema de servicio actual, existe una alta probabilidad de que se generan colas, y que los clientes permanezcan en ella por más de 5 minutos; recomendando garantizar la disponibilidad de los dependientes, reducir el número de clientes en la cola, hacer más amena la estancia en ella, así como valorar y evaluar su rediseño.

### 1.3 Planteamiento del problema

En Puruándiro se ha vuelto algo común visualizar las largas filas de espera que hacen las personas para recibir atención en las ventanillas de la asociación Banco Azteca con Elektra, debido a la demanda exponencial de usuarios que acuden a la sucursal siendo estos no solo clientes locales sino también aquellos pertenecientes a la región, los cuales visitan las instalaciones comúnmente para la realización de distintos movimientos bancarios entre ellos, retiro de cuenta, pago de servicios, cambio de divisa, envíos, etcétera, todos estos ofrecidos por la misma; siendo el predominio de los clientes en un horario de 9:00 am a las 14:00 pm y de 16:00 p.m a 18:00 p.m.

La dependencia tiene un espacio un poco reducido para esta área, debido a que no solo está diseñada para brindar dichos servicios, sino que también, realiza la venta de electrodomésticos, dispositivos electrónicos, motocicletas, entre otros. Por ello, solo cuenta con tres ventanillas establecidas para la atención de servicios financieros. Sin importar el tipo de movimiento a realizar y sin existir preferencias a clientes frecuentes o socios, cualquier persona que necesite hacer uso de los servicios brindados será atendida únicamente dentro esta área, debido a las distintas causas mencionadas la organización genera una larga fila de espera con un tiempo que oscila entre 30 a 60 minutos. Esta situación afecta notablemente la imagen de la institución, generando con esto grandes inconformidades en los usuarios, molestias e insatisfacciones por los servicios prestados lo cual conlleva a la pérdida de clientes y la preferencia por otra institución del mismo giro. Al visualizar el área se da a conocer que esta entidad no ha atendido el problema que aqueja a los clientes ya que no se ve implementada ninguna mejora para esta falencia.

La atención oportuna de usuarios es un gran propósito perseguido por los sistemas de atención bancaria siendo este un factor importante que marca la diferencia, ya que satisfacer las necesidades de los clientes es el principal objetivo de toda organización.

### 1.4 Justificación

Hasta la fecha, las instituciones bancarias sin importar su tamaño se encuentran en una competencia constante para lograr obtener un buen posicionamiento dentro de su rubro, adoptando alternativas que mejoren su estado actual en cuanto a la calidad de su servicio. En base en esto es que las empresas llegan a implementar continuamente herramientas de optimización estudiando factores como el tiempo de espera, la capacidad de trabajo y el flujo del sistema; con la finalidad de desarrollar sus actividades rutinarias de una manera oportuna.

Dentro de la compañía de servicios financieros Elektra el mejoramiento de su sistema operativo en ventanillas resulta ser de vital importancia debido a que el servicio prestado genera gran cantidad de visitas dentro de este. Considerando a la empresa como un ente primordial dentro de la región resultando de gran impacto el hecho de planear, implementar y controlar nuevas estrategias que permitan una optimización en el sistema, mejorando el flujo de la atención al cliente.

Como lo dice García (2015) se resumen distintas posturas en donde aborda la simulación. El menciona que, habría una diferencia nítida entre practicas representacionales vinculadas con la modelización, entre las cuales estarían las simulaciones computacionales y practicas interventivas vinculadas con sistemas físicos. Es así que, si las simulaciones computacionales ocupan un espacio genuino en la actividad científica, entonces estarían más fuertemente emparentadas con la teorización y en un claro contraste con la experimentación.

Mencionan Mariño y Alfonzo (2016), que la teoría de filas es el estudio matemático de las líneas de espera o colas en una red de comunicaciones. Se define como su principal objetivo analizar varios procesos, tales como la llegada de los datos al final de la cola, la espera en la cola, entre otros.

Si el análisis realizado se observa y estudia de manera pertinente, los resultados que darán los cambios sugeridos para el sistema brindarán grandes alternativas para garantizar la mejora del problema que aqueja a la empresa, contando con bases en modelos matemáticos y modelos de simulación complementándose mutuamente.

### 1.5 Objetivo General

Analizar el proceso de atención al cliente mediante la teoría de filas en la empresa Elektra, empleando como herramienta principal el modelo de simulación, validando y proporcionando soporte en la toma de decisiones estratégicas para la reducción del tiempo de espera en el servicio.

### 1.5.1 Objetivos Específicos

- Análisis de la organización mediante la realización de un estudio de mercado.
- Formulación del modelo de simulación acerca de las líneas de espera para su mayor comprensión y análisis interpretativo.
- Creación de escenarios para el análisis del sistema en distintas alternativas dentro del simulador.
- Identificación de áreas de oportunidad para mejorar el tiempo de atención al cliente.
- Proporcionar estrategias para mejorar la eficiencia del tiempo de servicio en el área de ventanillas respecto al flujo de personas, para lograr disminuir las largas filas de espera que se ocasionan.

## 1.6 Hipótesis

### 1.6.1 Hipótesis general

Será posible proporcionar a la empresa estrategias con un sustento en la simulación probabilística, haciendo uso de una herramienta de optimización como lo es la teoría de colas y el software de simulación SIMIO en el que se analizan los datos, utilizando la estadística descriptiva, evaluando la fiabilidad y validez lograda por la toma de tiempos, los cuales permitirán eficientar el tiempo de espera y las largas filas acumuladas en ventanillas dentro de la sucursal. Tomando en cuenta como variable principal de investigación el flujo de llegada y salida de los clientes por el servicio bancario.

# CAPÍTULO 2.  Marco Teórico

## 2. FUNDAMENTO TEÓRICO

### 2.1 Sistema

#### 2.1.1 Historia

Los sistemas de información surgen de la necesidad de organizar y administrar recursos y por lo tanto son tan antiguos como la civilización misma. Para conocer el origen de estos sistemas tenemos que remontarnos hasta la civilización egipcia (4000 AC.) para encontrar el uso de los censos de población. Un censo se encarga de recoger información, procesarla y utilizarla para la toma de decisiones, por lo tanto, se puede considerar como sistema de información. En los últimos años los sistemas de información no es que hayan cambiado en gran medida en cuanto al tipo de funcionalidades que ofrecían anteriormente, si no que han ido mejorando debido a los avances tecnológicos (mayor capacidad de almacenamiento, mejores infraestructuras de red, cloud computing etc.), (Monasterio, 2018).

Se menciona que la teoría general de los sistemas surge precisamente con una concesión temática totalizadora en el campo de la biología denominada organicista, en el cual se denomina el termino organismo como un sistema abierto en constante intercambio con otros sistemas circundantes. Tras varios estudios Bertalanffy, (1992) define el sistema como "conjunto de elementos relacionados entre sí y con el medio circundante, es decir es una entidad cuya existencia y funciones se mantienen como un todo por la interacción de sus partes".

#### 2.1.2 Conceptos básicos de los sistemas

Dentro de los sistemas Díaz, (2011) nos dice que:

- Sistema:

Es un conjunto de entidades caracterizadas por ciertos atributos, que tienen relaciones entre sí y están localizadas en un cierto ambiente, de acuerdo con un determinado objetivo.

- Sistema operativo:

Sistema tipo software que controla la computadora y administra los servicios y sus funciones, así como también la ejecución de otros programas compatibles con éste.

- Sistema informático:

Un sistema informático es un conjunto de partes que funcionan relacionándose entre sí con un objetivo preciso. Sus partes son: hardware, software y las personas que lo usan.

- Evolución de los sistemas

Los Sistemas fueron considerados inicialmente como un elemento que podía proporcionar ahorros de coste en las organizaciones, en la medida que podía dar soporte a actividades operativas en las que la información constituía el principal elemento implicado. En efecto, hasta la década de los años setenta (1970), la gestión empresarial se centraba en la adecuada administración de los recursos clásicos de "tierra o energía, trabajo y capital", toda vez que las empresas se encontraban ante un entorno estable y predecible y con una demanda creciente. Bajo estas circunstancias el éxito de las empresas descansaba en la competencia basada en los recursos tangibles, vía costes y en la consecución de economías de escala. En la década de los setenta (70), Richard Nolan, un conocido autor y profesor de la Escuela de Negocios de Harvard, desarrolló una teoría que impactó el proceso de planeación de los recursos y las actividades de la informática (Fadell, 2007).

### 2.1.3 Entorno del sistema de servicio

Los componentes del sistema de servicio son seleccionados, diseñados, implementados, e integrados. Un sistema de servicios puede abarcar productos de trabajo, procesos, personas, los clientes y otros recursos. Un componente de los sistemas de servicio importante y continuamente pasado por alto es el aspecto humano. Un claro ejemplo es el proceso de las llamadas entrantes por un servicio en el cual se debe disponer de personal capacitado que pueda recibir las llamadas y procesando estas de manera adecuada utilizando los demás componentes del sistema de servicio (García, 2009)

Los entornos de servicio son complejos e incluyen las condiciones ambientales, el espacio y la funcionalidad, así como las señales, símbolos y artefactos (Berman, 2014).

Todo sistema está situado dentro de un cierto entorno, ambiente o contexto, que lo circunda, lo rodea o lo envuelve total y absolutamente (Sánchez, 2013).

## 2.2 Teoría de filas

### 2.2.1 Conceptos básicos de la teoría de filas

- Teoría de filas:

La teoría de filas es el estudio de las líneas de espera que se producen cuando llegan clientes demandando un servicio, esperando si se les puede atender inmediatamente y partiendo cuando ya han sido servicios (García, 2006).

- Orígenes:

El creador de la Teoría de colas fue el matemático Danés A. K. Erlang por el año 1909. Ha tenido un fuerte auge por su utilidad en el modelo del comportamiento de distintos fenómenos, tanto naturales como creados por el hombre, por ejemplo, se puede aplicar en problemas relacionados con redes de teléfonos, aeropuertos, puertos, centros de cálculo, supermercados, hospitales, etc. (Ferreira, 2005).

- Características:

Una población de clientes, que es el conjunto de los clientes posibles.

Un proceso de llegada, que es la forma en que llegan los clientes de esa población.

Un proceso de colas, que está conformado por la manera que los clientes esperan para ser atendidos y la disciplina de colas, que es la forma en que son elegidos para proporcionarles el servicio.

Un proceso de servicios, que es la forma y la rapidez con la que es atendido el cliente

Proceso de salida, que se compone por los siguientes dos tipos:

Los elementos abandonan completamente el sistema después de ser atendidos, lo que tiene como resultado un sistema de colas de un paso. Por ejemplo los clientes de un banco esperan en una sola fila, son atendidos por uno de los tres cajeros y, después que son atendidos abandonan el sistema.

Los productos, ya que son procesados en una estación de trabajo, son trasladados a alguna otra parte para someterlos a otro tipo de proceso, lo que tiene como resultado una red de colas. Por ejemplo, los productos primero son procesados en la estación de trabajo A y después son enviadas a la estación de trabajo B o C. Los productos terminados en ambas estaciones, B y C, luego son procesados en la estación D, antes de abandonar el sistema (Lucila, 2016).

**2.2.2 Modelos de filas de espera para analizar operaciones.**

**2.2.2.1 Longitud de la fila.**

El número de clientes que forman una fila de espera refleja alguna condición: las hileras cortas significan que el servicio es bueno o que la capacidad es excesiva, y las hileras largas indican una baja eficiencia del servidor o la necesidad de aumentar la capacidad (Gómez & González, 2017).

La cola que se forma mientras se espera el servicio puede suponerse infinita cuando puede extenderse tanto como se quiera. Si hay una sala de espera o equivalente, la línea es finita y depende de la capacidad de esa sala. Se asume que si alguien llega y encuentra la sala llena se retira y no recibirá el servicio (Pozo, 2021).

Esta se presenta, cuando los "clientes" llegan a un "lugar" demandando un servicio a un "servidor", el cual tiene una cierta capacidad de atención. Si el servidor no está disponible inmediatamente y el cliente decide esperar, entonces se forma la línea de espera (Ferreira, 2005)

**2.2.2.2 Número de clientes en el sistema.**

El número de clientes que conforman una fila y reciben servicio también se relaciona con la eficiencia y la capacidad de dicho servicio. Un gran Número de clientes en el sistema provoca congestionamientos y puede dar lugar a la insatisfacción del cliente, a menos que el servicio incremente su capacidad (Gamez, 2018).

El número de clientes en las filas de espera se diseñan son formados de una sola fila o filas múltiples en general se utiliza una sola fila en mostradores de aerolíneas, cajas de los bancos y algunos restaurantes de comida rápida, mientras que las filas múltiples son comunes en los supermercados y espectáculos públicos como teatros o canchas de fútbol. Cuando se dispone de servidores múltiples y cada uno de ellos puede manejar transacciones de tipo general, la disposición de una sola fila mantiene a todos ellos uniformemente ocupados y proyecta en los clientes una sensación de que la situación es equitativa. Estos piensan que serán atendidos de acuerdo con su orden de llegada, no por el grado en que hayan podido adivinar los diferentes tiempos de espera al formarse en una fila en particular. El diseño de las filas múltiples es preferible cuando algunos de los servidores proveen un conjunto de servicios limitados. En esta disposición, los clientes eligen los servicios que necesitan y esperan en la fila donde se suministra dicho servicio, como sucede en los supermercados en las en las que hay filas especiales para los clientes que pagan con efectivo o para los que compran menos de 10 artículos (Rosas, 2016).

El número de clientes es el número que existe de personas para ser atendidas, revelando si será una cola pequeña o una cola larga; sin embargo, si hay un gran número de personas esperando a ser atendidas será una cola muy grande. Ahora bien, el número de servidores dependerá de cuántas personas están atendiendo y el cliente será la persona que quiere el servicio, el número de servidores podrá ser uno hasta infinito (García, 2009).

### 2.2.2.3 Tiempo de espera en la fila.

Las filas largas no siempre significan tiempos de espera prolongados. Si la tasa de servicio es rápida, una fila larga puede ser atendida eficientemente. Sin embargo, cuando el tiempo de espera parece largo, los clientes tienen la impresión de que la calidad del servicio es deficiente. Los gerentes tratan de cambiar la tasa de llegada de los clientes o de diseñar el sistema para que los largos tiempos de espera parezcan más cortos de lo que realmente son (Paz, 2016).

Se conoce como línea de espera a una hilera formada por uno o varios clientes que aguardan para recibir un servicio los clientes pueden ser personas objetos máquinas que requieren mantenimientos contenedores con mercancías en espera de ser embarcados o elementos de un inventario a punto de ser utilizado las líneas de espera Se forman a causa de un desequilibrio temporal ante la demanda de un servicio y la capacidad del sistema para suministrarlo (Hernández, 2013).

Una línea de espera es el efecto resultante de un sistema cuando la demanda de un servicio supera la capacidad de proporcionar dicho servicio. Este sistema está formado por un conjunto de entidades en paralelo que proporcionan un servicio a las transacciones que aleatoriamente entran al sistema. Dependiendo del sistema que se trate, las entidades pueden ser cajeras, máquinas, semáforos, grúas, etcétera, mientras que las transacciones pueden ser: clientes, piezas, autos, barcos, etcétera. Tanto el tiempo de servicio como las entradas al sistema son fenómenos que generalmente tienen asociadas fuentes de variación que se encuentran fuera del control del tomador de decisiones, de tal forma que se hace necesaria la utilización de modelos estocásticos que permiten el estudio de este tipo de sistemas (Reza M, 2016).

### 2.2.2.4 Tiempo total en el sistema.

El tiempo total transcurrido desde la entrada al sistema hasta la salida de este ofrece indicios sobre problemas con los clientes, eficiencia del servidor o capacidad. Si algunos clientes pasan demasiado tiempo en el sistema del servicio, tal vez sea necesario cambiar la disciplina en materia de prioridades, incrementar la productividad o ajustar de algún modo la capacidad (Gamez, 2018).

Es el procedimiento por el cual se da servicio a los clientes que lo solicitan. Para determinar totalmente el mecanismo de servicio debemos conocer el número de servidores de dicho mecanismo (si dicho número fuese aleatorio, la distribución de probabilidad del mismo) y la distribución de probabilidad del tiempo que le lleva a cada servidor dar un servicio. En caso de que los servidores tengan distinta destreza para dar el servicio, se debe especificar la distribución del tiempo de servicio para cada uno (Fadell, 2007).

El tiempo de respuesta al cliente es unos de los elementos fundamentales para conseguir mejorar el servicio al cliente. Reducir la cantidad en el tiempo atención cliente, hace que la fricción con el cliente disminuya, y por tanto mejore su satisfacción (Pozo, 2021).

### 2.2.2.5 Utilización de las instalaciones del servicio.

La utilización colectiva de instalaciones de servicio refleja el porcentaje de tiempo que permanecen ocupadas. El objetivo de la gerencia es mantener altos niveles de utilización y rentabilidad, sin afectar las demás características de operación (Gómez & González, 2017).

Las instalaciones desempeñan un papel más importante dentro de la organización, no solo albergan a la misma, también la ayudan en el proceso y capacidad productiva de esta. El diseño de las instalaciones, son decisiones previamente analizadas y posteriormente seleccionadas, que permiten a la organización llegar a sus objetivos (Piguave, 2018).

Las estaciones de servicio pueden estar esperando por que los medios existentes son excesivos en relación con la demanda de los clientes; en este caso, las estaciones de servicio podrían permanecer ociosas la mayor parte del tiempo. Los clientes puede que esperen temporalmente, aunque las instalaciones de servicio sean adecuadas, porque los clientes llegados anteriormente están siendo atendidos. Las estaciones de servicio pueden encontrar temporal cuando, aunque las instalaciones sean adecuadas a largo plazo, haya una escasez ocasional de demanda debido a un hecho temporal. Estos dos últimos casos tipifican una situación equilibrada que tiende constantemente hacia el equilibrio, o una situación estable (Ferreira, 2005).

### 2.3 Simulación

### 2.3.1 Principios básicos de simulación.

La creación de nuevos y mejores desarrollos en el área de la computación ha traído consigo innovaciones muy importantes tanto en la toma de decisiones como en el diseño de procesos y productos. Una de las técnicas para realizar estudios piloto, con resultados rápidos y a un relativo bajo costo, se basa en la modelación la cual se conoce como simulación. Himmelblau y Bischooff, (1968) definen la simulación como "el estudio de un sistema o sus partes mediante manipulación de su representación matemática o su modelo físico".

### Redacción

- Modelo: Representación física, matemática o lógica de un sistema y sus componentes
- Experimento: Ejecución única de una simulación. Múltiples repeticiones de un experimento son necesarias para realizar un proyecto completo de simulación.
- Entidad: Elemento físico que representa cualquier elemento simulado (recurso humano, vehículo, paquete, cliente, etc.). Una entidad es a lo que se refieren los procesos durante la simulación es decir si la entidad es una caja, los elementos lógicos del modelo se referirán a esta caja para la toma de decisiones y la aplicación de actividades (Gil, 2019).

### 2.3.2 Formulación de modelos

De Souza y Gonzales (2001) nos dice que existen diferentes tipos de modelos, en función de la finalidad para la cual se crean o diseñan. Sus clasificaciones son variadas, y buscan dar una idea de sus características esenciales; pueden ser en base a su dimensión, función, propósitos y grado de abstracción. Cada fenómeno de la realidad se puede representar por medio de un modelo; por lo cual, según el número y tipo de fenómenos existentes en el mundo real, será el número y tipo de modelos posibles.

Debe ser un modelo tal que relacione a las variables de decisión con los parámetros y restricciones del sistema. Los parámetros (o cantidades conocidas) se pueden obtener ya sea a partir de datos pasados o ser estimados por medio de algún método estadístico. Es recomendable determinar si el modelo es probabilístico o determinístico. El modelo puede ser matemático, de simulación o heurístico, dependiendo de la complejidad de los cálculos matemáticos que se requieran (Lopéz, 2017).

Los cuales según (García, 2004), permiten abordar una cuestión puramente teórica, en cuyo caso su finalidad es puramente teórica, o una situación real, orientado a dar una respuesta concreta, formalizar en un modelo de simulación nuestra percepción del fenómeno real y simular el efecto de diferentes alternativas.


### 2.4 Calidad

### 2.4.1 Conceptos básicos.

Desde el punto de vista de los clientes, las empresas y/u organizaciones existen para proveer un producto material o inmaterial, un bien o un servicio, ya que ellos necesitan productos con características que satisfagan sus necesidades y expectativas. Una exigencia fundamental de los clientes es la calidad, por ejemplo, Juran sostiene que "Calidad es que un producto sea adecuado para su uso. Así, la calidad consiste en la ausencia de deficiencias en aquellas características que satisfacen al cliente" (Juran, 1990); mientras que de acuerdo con la definición de la American Society for Quality (ASQ), la calidad tiene dos significados: "características de un producto o servicio que le confieren su aptitud para satisfacer necesidades explícitas o implícitas", y "un producto o servicio libre de deficiencias"

En las Normas ISO-9000:2005 se define calidad como "el grado en el que un conjunto de características inherentes cumple con los requisitos", entendiéndose por requisito una necesidad o expectativa por lo general implícita u obligatoria.

Calidad es adecuación a los objetivos de la organización, es decir, un producto y/o servicio será de calidad cuando suponga la consecución de los objetivos de la organización (Roldán, 2007).

- Certificación

Procedimiento por el cual un organismo asegura por escrito que un producto, proceso o servicio es conforme, es decir, cumple totalmente los requisitos de una norma (Pita, 2014)

- Plan de calidad

Resumen de todos los procesos de la empresa que indica los procedimientos a seguir, recursos a utilizar, los responsables y el momento de ejecutar determinadas operaciones. El plan de calidad no sustituye a ninguno de los procesos que exige la norma ISO 10013: manual de calidad, procedimientos, instrucciones u otros (Garcés, 2013).

### 2.4.2 Calidad en el servicio brindado.

La calidad del servicio es un concepto de particular importancia para las empresas porque, los clientes, después de recibir un servicio, lo comparan con el esperado. El servicio esperado se forma sobre la base de experiencias anteriores, comentarios de allegados y publicidad (Lazarri, 2013). Si el servicio percibido no tiene el nivel del servicio esperado, los clientes pierden interés. Pero, en cambio, si el servicio percibido iguala o excede las expectativas, es muy posible que los clientes regresen (Moulia, 2013).

La calidad en la atención al cliente representa una herramienta estratégica que permite ofrecer un valor añadido a los clientes con respecto a la oferta que realicen los competidores y lograr la percepción de diferencia en la oferta global de la empresa. Una mayor calidad en el servicio prestado y la atención percibida por los clientes tiende a incrementar su grado de satisfacción con respecto a la oferta de la empresa y esto produce una experiencia de compra que favorece su fidelización con nuestros productos o servicios (Torres, 2016).

### 2.4.2.1 Satisfacción en el cliente.

La calidad se relaciona ante todo con la satisfacción del cliente, que está ligada a las expectativas que éste tiene con respecto al producto o servicio. Las expectativas son generadas de acuerdo con las necesidades, los antecedentes, el precio del producto, la publicidad, la tecnología, la imagen de la empresa, etc. Se dice que hay satisfacción cuando el cliente percibe del producto o servicio al menos lo que esperaba. En la satisfacción del cliente influyen los siguientes tres aspectos: la calidad del producto, el precio y la calidad del servicio. Se es más competitivo, es decir, se hacen las cosas mejor que otros, cuando se es capaz de ofrecer mejor calidad a bajo precio y mediante un buen servicio (Salazar, 2013).

Satisfacción del cliente es un concepto inherente al ámbito del marketing y que implica como su denominación nos lo anticipa ya, a la satisfacción que experimenta un cliente en relación a un producto o servicio que ha adquirido, consumido, porque precisamente el mismo ha cubierto en pleno las expectativas depositadas en el al momento de adquirirlo (Ucha, 2012). Los clientes necesitan productos y servicios que satisfagan sus necesidades y expectativas. Los requisitos del cliente pueden estar especificados por el cliente de forma contractual o pueden ser determinados por la propia organización, pero, en cualquier caso, es finalmente el cliente el que determina la aceptabilidad del producto (Hernández, 2013).

# CAPÍTULO 3. Metodología

## 3. METODOLOGÍA

En el presente apartado se muestra la metodología del proyecto, siendo esta una investigación de tipo aplicada ya que se tiene el objetivo de encontrar estrategias que puedan ser empleadas en el abordaje del problema. Contenida por una secuencia de 9 pasos representativos mostrados en la siguiente ilustración, estos serán utilizados por los analistas para la toma de decisiones mediante la valoración del estudio de datos obtenidos del modelo creado, para la representación virtual del sistema de la organización, así como sus diferentes descripciones de cada uno de ellos.

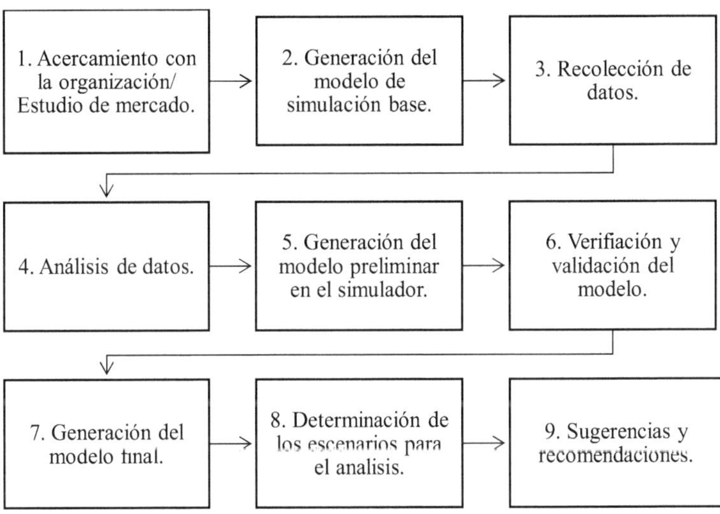


**Figura 1**. Metodología de simulación.

### 1.  Acercamiento con la organización/Estudio de mercado

Se tuvo un análisis previo dentro de la organización el cual permitió dar inició a la definición del sistema bajo estudio. Consistió en la aplicación de un cuestionario por medio de entrevistas personales, tomando en cuenta una muestra representativa de 140 personas, obteniendo como respuestas distintos datos que arrojan las preferencias del cliente en cuanto al servicio financiero.

### 2. Generación del modelo de simulación base

Representación gráfica de las instalaciones de la organización por medio del software Autocad.

### 3. Recolección de datos

Se llevó a cabo la obtención de datos representativos sobre el comportamiento del sistema en las filas de espera a ventanillas. Plasmando la toma de los tiempos entre llegadas y la atención en el servicio usando como herramienta de análisis la tabla de registro.

### 4. Análisis de datos

En esta etapa con ayuda del software estadístico "Minitab" se llevará a cabo la identificación del comportamiento de los datos, para la determinación de las distribuciones de probabilidad asociadas a cada una de las variables aleatorias necesarias para la simulación. Como primer paso se realizará la captura de las estadísticas descriptivas de los datos, para posteriormente formular la representación gráfica de nuestra variable siendo este el histograma. Como tercer paso se llevará a cabo la prueba de normalidad, si esta llegase a ser rechazada el siguiente paso será la identificación del tipo de distribución individual, obteniendo con este el tipo de distribución que siguen cada una de las variables a utilizar.

### 5. Generación del modelo preliminar en el simulador

En esta etapa, se integra la información obtenida a partir del análisis de datos de los supuestos del modelo, y todos los datos necesarios para crear un modelo lo más cercano posible a la realidad del problema bajo estudio, siendo realizado dentro del software de simulación "SIMIO".

### 6. Verificación y Validación del modelo

Una vez identificadas las distribuciones de probabilidad e implementando los supuestos acordados es necesario realizar un proceso de verificación de datos para comprobar que todos los parámetros usados en la simulación funcionen correctamente. Con el objetivo de validar el modelo de simulación se realiza una comparación entre los resultados del análisis de datos y los resultados arrojados por el simulador, teniendo como característica principal la semejanza entre ellos. Por consiguiente, para la validación del servidor es necesario calcular un intervalo de confianza el cual será de ayuda para hacer valido el modelo.

### 7. Generación del modelo final

Una vez que el modelo se ha validado el análisis está listo para realizar la simulación y estudiar el comportamiento del proceso siendo este, el modelo raíz si se desea comparar escenarios diferentes.

### 8. Determinación de los escenarios para el análisis

Tras validar el modelo es necesario determinar distintos escenarios con las posibles soluciones que sean factibles para atentar contra la problemática planteada.

### 9. Sugerencias y recomendaciones

Conclusiones y recomendaciones a la organización sobre posibles soluciones, según los resultados del análisis elaborado.

## RESULTADOS

### 1. Acercamiento con la organización/Estudio de mercado

Llevando a cabo un análisis estadístico para un manejo estructural de los datos, se realizó el cálculo del tamaño de la muestra el cual nos indica la cantidad de datos a considerar para que esta logre ser representativa.

**Tamaño de la muestra**

**Datos:**

$N = 450\ clientes$
$Z = 1.96 = porcentaje\ de\ confiabilidad\ de\ 95\%$
$p = 50\%$
$q = 50\%$
$E = 7\%$

La fórmula para calcular el tamaño de la muestra es la siguiente:

**Tabla 1.** Tamaño de la muestra.

$$n = \frac{NZ^2pq}{E^2(N-1) + Z^2pq}$$

$N = Población\ total$
$Z = Distribución\ normalizada$
$p = Proporción\ de\ aceptación.$
$q = Proporción\ de\ rechazo$
$E = Porcentaje\ deseado\ de\ error$

$$n = \frac{(450)*(1.96)^2*(0.5)*(0.5)}{(0.07)^2*(450-1)+(1.96)^2*(0.5)*(0.5)} = \frac{432.18}{3.16} = \boldsymbol{136.74\ muestras}$$

Con un promedio de 450 clientes atendidos por día, tomando en cuenta un porcentaje de confiabilidad de 95% y un margen de error del 7%, podemos decir que las encuestas deben de ser realizadas a 137 personas, para que los resultados sean representativos.

Posterior al cálculo del tamaño de la muestra y fungiendo como base dicho dato para la cantidad optima de las encuestas necesarias, fueron aplicadas 140 encuestas, a los clientes que asisten a la sucursal de Elektra de manera recurrente para solicitar los servicios financieros que esta brinda, arrojando los siguientes resultados. Dicha encuesta está conformada por 11 preguntas cerradas las cuales se presentan en la tabla 2.

**Tabla 2.** Encuesta.

| **Cuestionario y análisis para el estudio de mercado** |
| --- |
| **Presentación:** |
| Este cuestionario es para fines académicos, con el objetivo de conocer sus preferencias acerca de los servicios que proporciona Banco Azteca y así poder brindarles un mejor servicio ¡Un gusto saludarle! |
| **Preguntas:** |
| 1. ¿Es la primera vez que acude al Banco Azteca por un servicio financiero?<br><br>a) Si     b) No |
| 2. ¿Cuál fue el servicio solicitado?<br><br>a) Retiro de cuenta    b) Envío de dinero    c) Créditos    d) Cambio de divisas<br><br>e) Pago    f) Deposito a cuenta |
| 3. ¿En qué horario suele usted acudir a los servicios prestados por Banco Azteca?<br><br>a) Mañana 9:00 a.m – 11 a.m    b) Media día 12:00 p.m – 2:00 p.m<br>c) Tarde 2:00 p.m – 6:00 p.m    d) Noche 6:00 p.m – 9:00 p.m |
| 4. ¿En promedio cuanto tiempo espera en fila para recibir el servicio en Banco Azteca?<br><br>a) 10 min – 30 min    b) 30 min – 1 hora    c) 1 hora – 2 horas<br><br>d) Más de 2 horas |
| 5. ¿Por lo regular, cuantas ventanillas hay disponibles para la atención al cliente cuando usted acude?<br><br>a) 1 Ventanilla    b) 2 Ventanillas    c) 3 Ventanillas |

6. ¿Cuándo requiere un movimiento bancario la primera opción en la que piensa es Banco Azteca?

        a) Si        b) No

7. Si la respuesta a la pregunta anterior fue si responda el ¿Por qué?

        a) Seguridad del trámite    b) Calidad en el servicio    c) Ubicación cercana

        d) Preferencia por ser cliente Premium    e) Otro: _______

8. ¿Alguna vez se ha sentido insatisfecho a la hora de recibir su servicio financiero?

        a) Si        b) No

9. Si la respuesta a la pregunta anterior fue si responda el ¿Por qué?

        a) Mala actitud de los empleados    b) Tramite erróneo    c) Información engañosa

        (Robo, confusión entre servicios)    d) Porque fue bastante el tiempo de espera

        e) Otro: ______

10. ¿De acuerdo a la atención y servicio que le brindaron en Banco Azteca volvería a elegir los servicios?

        a) Si        b) No

11. ¿Qué mejorarías de los servicios del Banco Azteca?

        a) Las largas filas    b) La calidad en el servicio    c) El número de ventanillas

        d) Otro: ______

**Despedida:**

De la manera más atenta agradecemos el tiempo invertido en la encuesta, sus respuestas serán utilizadas de la mejor manera ya que se proporcionarán estrategias que ayuden en el mejoramiento del servicio.

## Tabulación

Como una gran ayuda para una mejor interpretación de los datos, se realizó una tabulación sencilla o tabla sencilla en donde se resumen todas las observaciones, como se muestra a continuación.

**Tabla 3.** Tabulación sencilla de resultados.

| Número de pregunta | Respuesta |
|---|---|
| Primera estancia en el establecimiento | 95% contesto que si |
| Servicio solicitado | 50% Envió de dinero<br>20% Retiro de cuenta<br>19% Pago<br>11% Deposito a cuenta |
| Horario preferente de visita | 34% Medio día<br>30% Mañana<br>22% Tarde<br>14% Noche |
| Tiempo promedio de espera | 35% 30 min – 1 hora<br>29% 1 hora – 2 horas<br>23% 10 min – 30 hora<br>13% más de 2 horas |
| Disponibilidad de ventanillas | 51% 2 ventanillas<br>46% 3 ventanillas<br>3% 1 ventanilla |
| Preferencia por la organización | 52% No<br>48% Si |
| Razón de la preferencia | 41% Ubicación cercana<br>31% Seguridad del trámite<br>22% Calidad en el servicio<br>2% Preferencia por ser cliente Premium<br>2% Dan un buen crédito<br>2% Entregan dinero completo |
| Insatisfacción del servicio prestado | 85% Si<br>15% No |
| Razón de la insatisfacción | 82% Porque fue bastante el tiempo de espera<br>8% Mala actitud de los empleados<br>5% Tramite erróneo |

| | |
|---|---|
| | 5% Información engañosa (Robo, confusión entre servicios) |
| Reelección por la organización | 85% Si<br>15% No |
| Áreas de mejora | 52% Las largas filas<br>18% La calidad en el servicio<br>27% El número de ventanillas<br>5 % Otro |

De acuerdo a los resultados obtenidos podemos decir que, la mayoría de las personas que asisten a la empresa son clientes frecuentes, en general no es la primera vez que acuden al establecimiento. La actividad que con mayor frecuencia se lleva a cabo dentro del servicio bancario es él envió de dinero, teniendo un horario preferible para asistir entre las 12:00 p.m a las 2;00 p.m, es decir al medio día. Se llevó a cabo una pregunta de carácter directo para conocer el número de ventanillas que se encuentran abiertas la mayor parte del tiempo, teniendo esta respuesta una proporción considerablemente igual entre 2 y 3 ventanillas.

Banco azteca es una sucursal en la cual la demanda de clientes es grande, podemos decir que la inclinación que tienen sus clientes hacia este servicio se ve reflejado en distintos caracteres, pues la mayor parte asiste a la sucursal por su ubicación cercana y porque la empresa logra brindar gran seguridad en cada uno de sus trámites. Pero no todo es tan bueno, pues, así como se cuestionaron sus preferencias por el servicio, también fue debatible algunas de sus insatisfacciones que les hayan sucedido, siendo con un 82% la respuesta preferible que afirma que los clientes se sienten disgustados ya que es bastante el tiempo en la fila de espera, este logra ser entre 30 min a 1 hora y puede llegar a extenderse hasta 1 o 2 horas.

Para concluir la encuesta se cuestionó a los clientes que consideraban conveniente mejorar dentro del servicio financiero brindado, inclinándose preferentemente a la reducción de las largas filas y el número de ventanilla, ya que ellos consideran que, al aumentar los operarios, su tiempo en fila será menor.

## 2. Generación del modelo de simulación base

De acuerdo con las dimensiones y la distribución de los objetos en el domicilio estudiado, se realizó un modelo en 2D con vista aérea, por medio de la herramienta AutoCAD, donde se puede observar las diferentes etapas de atención que recibe el cliente al momento de ingresar al negocio como se puede observar en la figura 3.

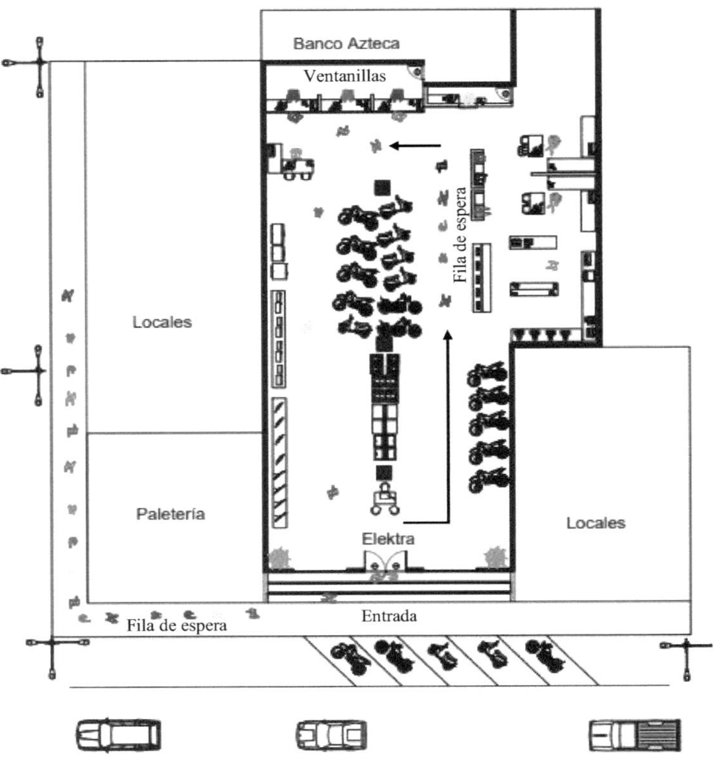


**Figura 3.** Modelo de simulación base.

### 3. Recolección de datos

Dentro del análisis del proceso de espera, se llevó a cabo el estudio de tiempos de llegada de los clientes a la empresa Banco Azteca. De la misma manera se tomó a consideración el tiempo de atención por parte de los empleados que asisten las distintas ventanillas. Tomando como muestra representativa un análisis de 155 datos.

Para dicho estudio de tiempos, se tomó en cuenta el horario de atención con mayor demanda de acuerdo al estudio de mercado, siendo este de 11:00 a.m. hasta las 2:00 p.m, cubriendo un total de 3 horas de atención. En las tablas 3 y 4 se presentan en segundos los datos del tiempo entre llegadas y tiempo de servicio.

**Tabla 4.** Datos del tiempo de servicio.

| Tiempo de servicio (Seg) | | | | | |
|---|---|---|---|---|---|
| Ventanilla 1 | | Ventanilla 2 | | Ventanilla 3 | |
| No. | Tiempo | No. | Tiempo | No. | Tiempo |
| 5 | 82.2 | 2 | 126 | 1 | 186.6 |
| 8 | 240.6 | 3 | 81.6 | 7 | 208.2 |
| 12 | 126 | 4 | 120 | 11 | 66.6 |
| 15 | 211.2 | 6 | 60 | 13 | 64.2 |
| 29 | 204 | 9 | 91.8 | 14 | 93.6 |
| 34 | 142.2 | 10 | 150 | 16 | 56 |
| 40 | 262.2 | 18 | 56 | 17 | 78 |
| 46 | 141 | 20 | 135 | 19 | 144 |
| 50 | 80.4 | 23 | 138 | 21 | 60 |
| 51 | 133.8 | 25 | 82.8 | 22 | 35 |
| 55 | 200.4 | 26 | 138 | 24 | 330 |
| 58 | 205.8 | 28 | 66 | 27 | 210 |
| 63 | 134.4 | 30 | 78.6 | 31 | 124.8 |
| 67 | 93.6 | 32 | 78 | 33 | 141 |
| 69 | 262.8 | 35 | 81.6 | 37 | 90 |
| 73 | 265.2 | 36 | 87.6 | 39 | 214.8 |
| 79 | 258 | 38 | 129 | 43 | 120.6 |
| 83 | 197.4 | 41 | 72.6 | 47 | 125.4 |
| 87 | 249 | 42 | 141.6 | 49 | 190.2 |
| 93 | 91.8 | 44 | 66 | 53 | 79.8 |
| 95 | 268.8 | 45 | 78 | 54 | 136.8 |
| 103 | 187.2 | 48 | 208.2 | 60 | 88.2 |
| 113 | 144.6 | 52 | 152.4 | 62 | 70.2 |
| 116 | 87 | 56 | 78.6 | 64 | 84 |
| 117 | 214.2 | 57 | 94.2 | 66 | 135 |

| | | | | | |
|---|---|---|---|---|---|
| 121 | 145.8 | 59 | 93.6 | 68 | 130.2 |
| 125 | 140.4 | 61 | 183.6 | 72 | 122.4 |
| 132 | 143.4 | 65 | 145.8 | 75 | 127.2 |
| 136 | 202.8 | 70 | 129.6 | 77 | 79.2 |
| 138 | 133.2 | 71 | 85.2 | 80 | 135 |
| 140 | 129 | 74 | 87.6 | 82 | 78.6 |
| 142 | 90.6 | 76 | 82.2 | 84 | 137.4 |
| 146 | 214.8 | 78 | 74.4 | 86 | 54 |
| | | 81 | 252.6 | 88 | 192.6 |
| | | 85 | 207 | 92 | 69 |
| | | 89 | 37 | 94 | 60.6 |
| | | 90 | 74.4 | 97 | 76.8 |
| | | 91 | 183.6 | 99 | 126 |
| | | 96 | 66.6 | 100 | 185.4 |
| | | 98 | 208.2 | 104 | 123 |
| | | 101 | 138 | 106 | 362.4 |
| | | 102 | 70.8 | 109 | 60 |
| | | 105 | 74.4 | 111 | 253.8 |
| | | 107 | 213 | 119 | 127.8 |
| | | 108 | 132 | 123 | 126.6 |
| | | 110 | 135 | 126 | 123 |
| | | 112 | 82.8 | 129 | 59 |
| | | 114 | 81 | 130 | 183.6 |
| | | 115 | 504 | 135 | 88.2 |
| | | 118 | 78 | 137 | 126.6 |
| | | 120 | 73.2 | 139 | 214.8 |
| | | 122 | 79.2 | 143 | 61.8 |
| | | 124 | 79.2 | 145 | 184.8 |
| | | 127 | 64.8 | 148 | 141.6 |
| | | 128 | 70.2 | 150 | 95.4 |
| | | 131 | 48 | 152 | 92.4 |
| | | 133 | 86.4 | 154 | 148.2 |
| | | 134 | 186.6 | | |
| | | 141 | 126.6 | | |
| | | 144 | 121.8 | | |
| | | 147 | 196.2 | | |
| | | 149 | 130.8 | | |
| | | 151 | 87 | | |
| | | 153 | 65.4 | | |
| | | 155 | 87.6 | | |

Tabla 5. Datos del tiempo entre llegadas.

| Tiempo entre llegadas (Seg) | | | | |
|---|---|---|---|---|
| 1 | 173.6 | 68.61 | 97.47 | 231.54 |
| 35.74 | 1 | 123.56 | 217.7 | 1 |
| 114.13 | 38.88 | 11.37 | 27.31 | 21.71 |
| 196.67 | 60.2 | 145.71 | 53.04 | 21.22 |
| 15.66 | 24.93 | 28.17 | 124.91 | 41.42 |
| 1 | 186.22 | 1 | 1 | 1 |
| 20.39 | 9.22 | 19.62 | 1 | 55.72 |
| 25.05 | 4.75 | 35.02 | 23.78 | 189.27 |
| 24.52 | 1 | 87.49 | 1 | 1 |
| 56.28 | 75.8 | 96.03 | 40.51 | 168.46 |
| 346.35 | 9.69 | 26.79 | 12.74 | 173.22 |
| 158.18 | 100.96 | 1 | 10.13 | 45.83 |
| 130.34 | 23.61 | 38.17 | 6.19 | 211.52 |
| 83.32 | 97.19 | 113.3 | 11.39 | 60.24 |
| 20 | 3.24 | 68.81 | 14.99 | 115.58 |
| 19.16 | 143.89 | 1 | 1 | 22.27 |
| 48.23 | 1 | 180.33 | 12.11 | 1 |
| 8.82 | 5.02 | 142.17 | 1 | 58.63 |
| 97.01 | 111.85 | 1 | 1 | 20.42 |
| 54.85 | 4.12 | 36.12 | 83.67 | 1 |
| 63.83 | 18.2 | 1 | 5.7 | 61.12 |
| 50.77 | 115.61 | 36.26 | 40.63 | 2.38 |
| 90.59 | 45.99 | 12.67 | 87.11 | 6.18 |
| 4.99 | 1 | 7.46 | 25.9 | 14.59 |
| 52.25 | 23.37 | 1 | 10.17 | 78.03 |
| 10.52 | 1 | 61.07 | 33.82 | 41.5 |
| 125.03 | 360.76 | 3.54 | 67.42 | 1 |
| 3.08 | 110.72 | 77.1 | 243.39 | 61.74 |
| 1 | 1 | 1 | 8.33 | 5.11 |
| 3 | 70.87 | 44.05 | 95.39 | 93.37 |
| 35.54 | 8.65 | 46.03 | 229.96 | 64.16 |

## 4. Análisis de datos

Para las muestras de datos fue necesario llevar a cabo su análisis, identificando el comportamiento que siguen y logrando así determinar las distribuciones de probabilidad asociadas para cada variable. Fue indispensable el cálculo de las estadísticas descriptivas para conocer los parámetros básicos, y posteriormente formular la representación gráfica de la variable siendo este el histograma, seguidamente se llevó a cabo la prueba de normalidad teniendo como condición de ser aceptada que su valor P sea mayor a 0.05, de ser esta rechazada se prosiguió a realizar un segundo análisis del tipo de distribución individual a seguir de los datos, en el cual se consideró aceptable aquella distribución con el mayor valor P. En la variable de ventanilla 1 y 2 y en el tiempo entre llegadas fue necesario realizar un promedio de tres datos, para lograr su análisis de datos aceptables.

### Tiempo en el servicio

#### Ventanilla 1

Datos agrupados en subgrupos de 3.

Tabla 6. Promedios de grupos de tres datos en ventanilla 1.

| Promedios de grupos de 3 datos | | |
|---|---|---|
| 149.6 | 163.6 | 166.8 |
| 185.8 | 240.2 | 159.8 |
| 161.2 | 203.2 | 144.8 |
| 180 | 139.6 | |

a) Estadística descriptiva

**Tabla 7.** Estadísticas descriptas a datos del tiempo en ventanilla 1.

| *Estadísticas* | |
|---|---|
| Media | 172.2363636 |
| Error típico | 10.60409246 |
| Mediana | 145.8 |
| Moda | #N/D |
| Desviación estándar | 60.91587344 |
| Varianza de la muestra | 3710.743636 |
| Curtosis | -1.246078224 |
| Coeficiente de asimetría | 0.110322017 |
| Rango | 188.4 |
| Mínimo | 80.4 |
| Máximo | 268.8 |
| Suma | 5683.8 |
| Cuenta | 33 |

b) Histograma

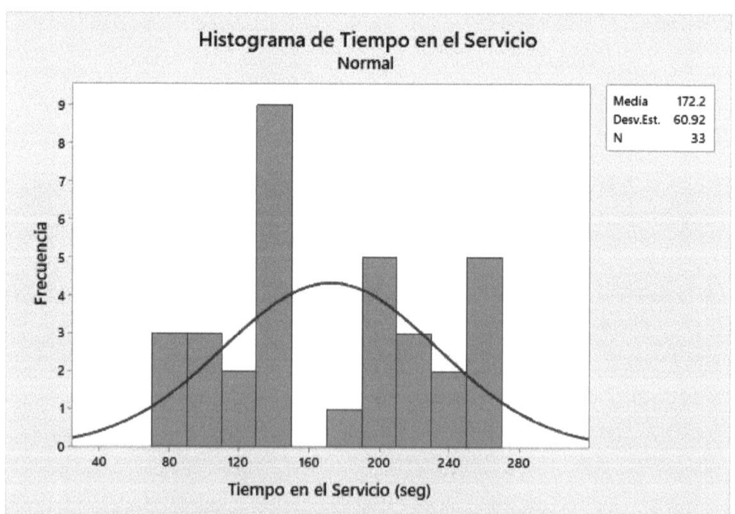


**Figura 2.** Histograma del tiempo en ventanilla 1.

c) Prueba de normalidad

Hipótesis:

$H_0$: Los datos siguen una distribución normal.

$H_A$ : Los datos no siguen una distribución normal.

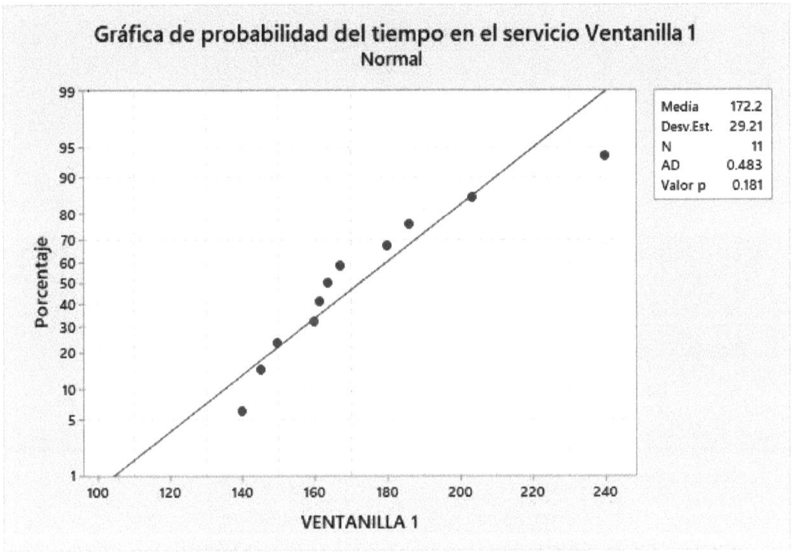



**Figura 3.** Prueba de normalidad del tiempo en ventanilla 1.

P valué 0.181 > 0.05 se acepta la $H_0$

P-Valué es mayor que 0.05 por lo tanto podemos decir que los datos sobre el tiempo de servicio en la ventanilla 1 siguen una distribución de tipo normal.

**Ventanilla 2**

Se llego a la realización de subgrupos de 3 datos, obteniendo el promedio de cada uno, para llegar a tener datos nuevos por medio de los recolectados y poder conocer que distribución.

Tabla 8. Promedios de subgrupos de 3 en ventanilla 2.

| Tiempo promediado | | |
|---|---|---|
| 109.2 | 123.8 | 218.4 |
| 100.6 | 120.2 | 74.4 |
| 109.7 | 81.4 | 68.2 |
| 95.6 | 165.5 | 145 |
| 79.4 | 108.2 | 138 |
| 96.4 | 139 | 76.5 |
| 95.2 | 139.8 | |
| 146.4 | 99.6 | |

a) Estadística descriptiva.

Tabla 9. Estadísticas descriptivas a datos del tiempo en ventanilla 2.

| *Estadísticas* | |
|---|---|
| Media | 115.615385 |
| Error típico | 8.4697792 |
| Mediana | 87.6 |
| Moda | 138 |
| Desviación estándar | 68.285543 |
| Varianza de la muestra | 4662.91538 |
| Curtosis | 15.5520301 |
| Coeficiente de asimetría | 3.19107851 |
| Rango | 467 |
| Mínimo | 37 |
| Máximo | 504 |
| Suma | 7515 |
| Cuenta | 65 |

b) Histograma.

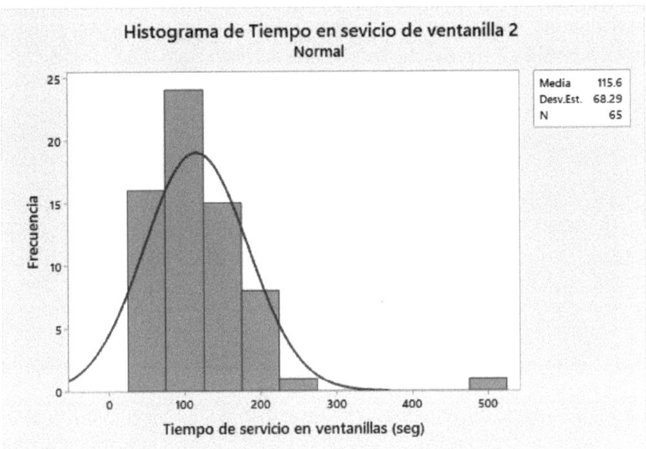


**Figura 4.** Histograma del tiempo en ventanilla 2.

c) Prueba de normalidad.

$H_0$ : Los datos siguen una distribución normal.

$H_A$ : Los datos no siguen una distribución normal.

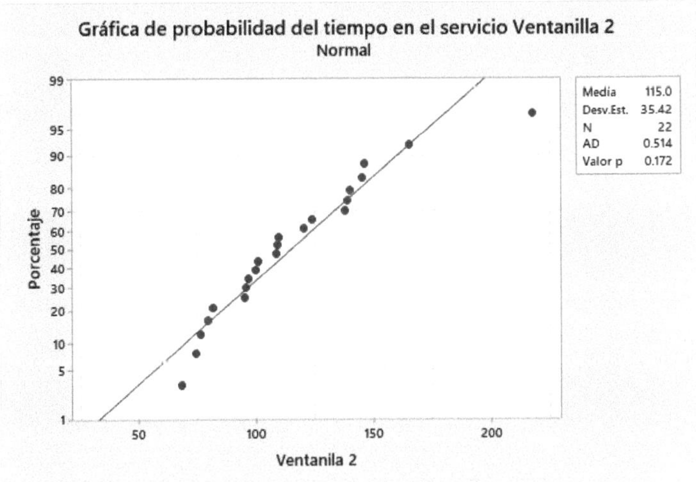


**Figura 5.** Prueba de normalidad del tiempo en ventanilla 2.

P valué 0.172 > 0.05 se acepta la $H_0$

P-Valué es mayor que 0.05 por lo tanto podemos decir que los datos sobre el tiempo de servicio en la ventanilla 2 siguen una distribución normal

## Ventanilla 3

a) Estadística descriptiva

**Tabla 10.** Estadísticas descriptivas a datos del tiempo en ventanilla 3.

| Estadísticas | |
|---|---:|
| Media | 127.726316 |
| Error típico | 8.69929653 |
| Mediana | 124.8 |
| Moda | 60 |
| Desviación estándar | 65.6782485 |
| Varianza de la muestra | 4313.63233 |
| Curtosis | 2.78209922 |
| Coeficiente de asimetría | 1.43308844 |
| Rango | 327.4 |
| Mínimo | 35 |
| Máximo | 362.4 |
| Suma | 7280.4 |
| Cuenta | 57 |

b) Histograma

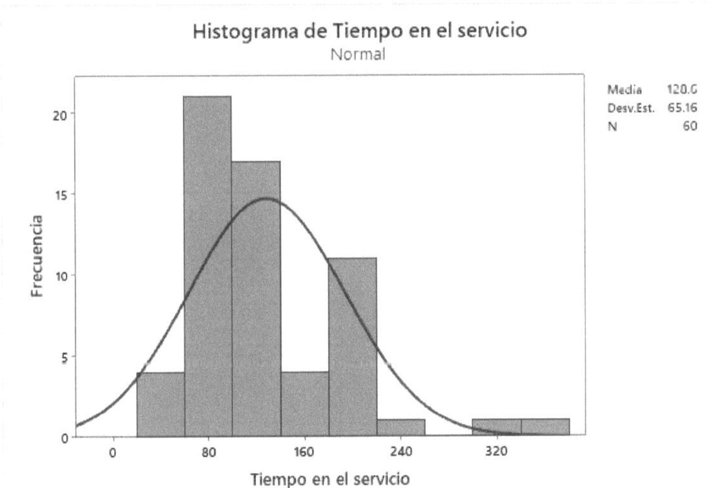


**Figura 6.** Histograma del tiempo en ventanilla3.

c) Prueba de normalidad

$H_0$ : Los datos siguen una distribución normal.

$H_A$ : Los datos no siguen una distribución normal.

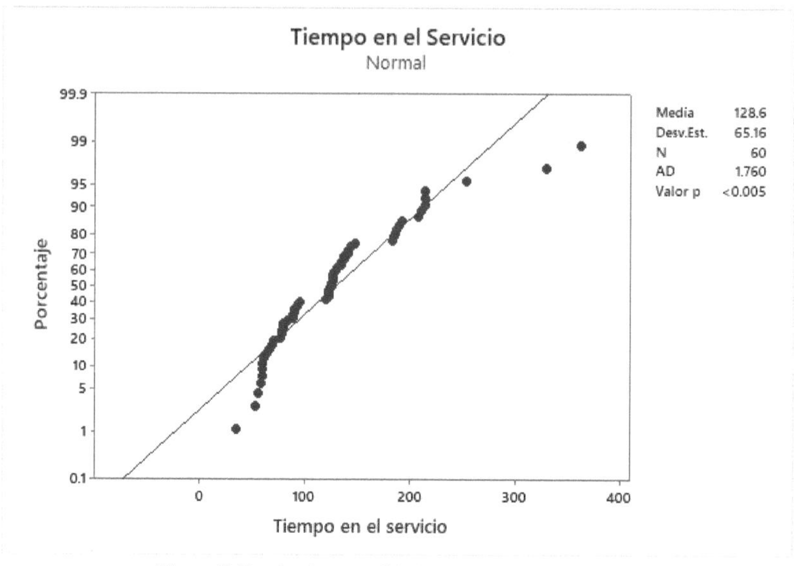


**Figura 7.** Prueba de normalidad del tiempo en ventanilla 3.

P valué $0.005 < 0.05$ se rechaza la $H_0$

P-Valué es menor que 0.05 por lo tanto podemos decir que los datos sobre el tiempo de servicio no siguen una distribución normal.

d)  Identificación del tipo de distribución

Prueba de bondad del ajuste

| Distribución | AD | P | LRT P |
|---|---|---|---|
| Normal | 1.760 | <0.005 | |
| Transformación Box-Cox | 0.594 | 0.118 | |
| Lognormal | 0.594 | 0.118 | |
| Lognormal de 3 parámetros | 0.602 | * | 0.708 |
| Exponencial | 8.227 | <0.003 | |
| Exponencial de 2 parámetros | 3.475 | <0.010 | 0.000 |
| Weibull | 1.118 | <0.010 | |
| Weibull de 3 parámetros | 0.631 | 0.104 | 0.004 |
| Valor extremo más pequeño | 4.377 | <0.010 | |
| Valor extremo por máximos | 0.754 | 0.047 | |
| Gamma | 0.723 | 0.065 | |
| Gamma de 3 parámetros | 0.708 | * | 0.598 |
| Logística | 1.279 | <0.005 | |
| Loglogística | 0.706 | 0.039 | |
| Loglogística de 3 parámetros | 0.712 | * | 0.513 |
| Transformación de Johnson | 0.560 | 0.142 | |

**Figura 8.** Identificación del tipo de distribución del tiempo en ventanilla 3.

Al realizar el análisis de distribución individual a la media de los subgrupos de los datos del tiempo de servicio se identificó que sigue una distribución Lognormal con un valor de 0.118 mayor al valor P de 0.05.

**Tiempo entre llegadas**

Promedios de los datos agrupados en subgrupos de 3.

Tabla 11. Promedios de subgrupos de 3 en el tiempo entre llegadas.

| Promedios de grupos de 3 datos | | | | | |
|---|---|---|---|---|---|
| 50.29 | 2.58333333 | 8.45666667 | 24.46 | 4.70333333 | 105.863333 |
| 71.11 | 70.0466667 | 157.493333 | 7.04333333 | 30.1233333 | 46.2833333 |
| 23.32 | 41.3366667 | 49.3766667 | 47.2366667 | 51.2133333 | 26.6833333 |
| 186.936667 | 66.73 | 93.5466667 | 30.36 | 37.1366667 | 23.2266667 |
| 77.8866667 | 28.83 | 16.2633333 | 114.16 | 115.703333 | 44.7066667 |
| 25.4033333 | 73.92 | 72.8466667 | 59.65 | 154.166667 | 22.6166667 |
| 71.8966667 | 49.3766667 | 21.9866667 | 8.59333333 | 28.1166667 | 78.765 |
| 48.7833333 | 40.33 | 61.0366667 | 21.1266667 | 81.9966667 | |
| 62.6 | 59.9333333 | 107.833333 | 10.8566667 | 114.226667 | |

a) Estadísticas descriptivas

Tabla 12. Estadísticas descriptivas del tiempo entre llegadas.

| *Estadísticas* | |
|---|---|
| Media | 56.18116129 |
| Error típico | 5.433843366 |
| Mediana | 33.82 |
| Moda | 1 |
| Desviación estándar | 67.65080434 |
| Varianza de la muestra | 4576.631327 |
| Curtosis | 4.267234447 |
| Coeficiente de asimetría | 1.892942465 |
| Rango | 359.76 |
| Mínimo | 1 |
| Máximo | 360.76 |
| Suma | 8708.08 |
| Cuenta | 155 |

b)  Histograma

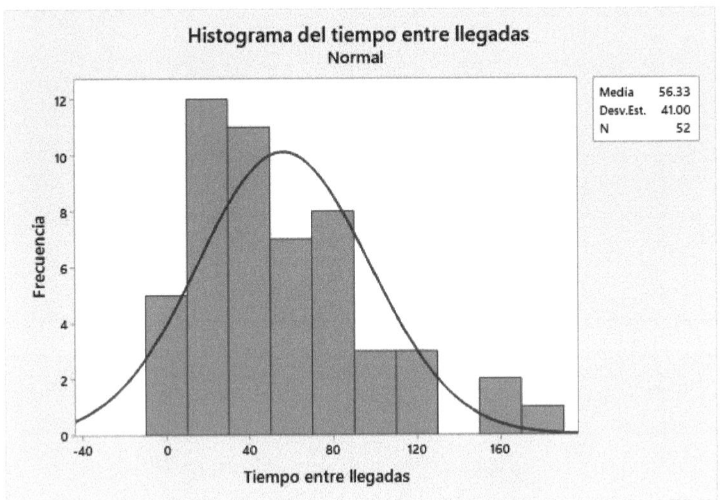


**Figura 9.** Histograma del tiempo entre llegadas.

c)  Prueba de normalidad

$H_0$ : Los datos siguen una distribución normal.

$H_A$ : Los datos no siguen una distribución normal.

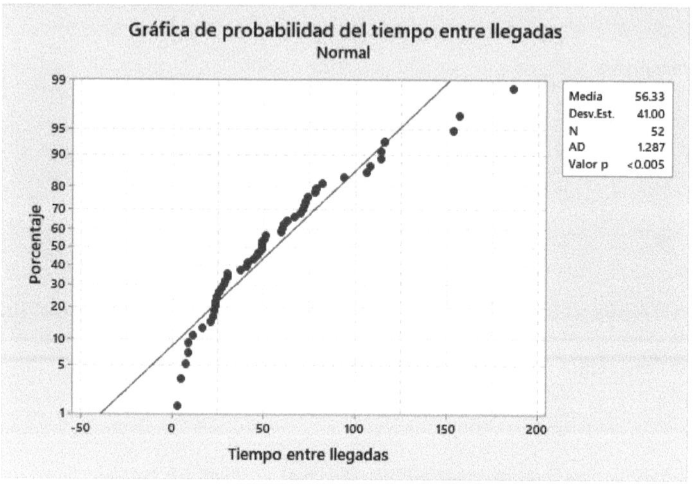


**Figura 10.** Prueba de normalidad del tiempo entre llegadas.

P valué $<0.005 < 0.05$ se rechaza la $H_0$

P-Valué es menor que 0.05 por lo tanto podemos decir que los datos sobre el tiempo entre llegadas no siguen una distribución normal.

d)  Identificación del tipo de distribución

Prueba de bondad del ajuste

| Distribución | AD | P | LRT P |
|---|---|---|---|
| Normal | 1.287 | <0.005 | |
| Transformación Box-Cox | 0.231 | 0.794 | |
| Lognormal | 0.871 | 0.024 | |
| Lognormal de 3 parámetros | 0.250 | * | 0.019 |
| Exponencial | 1.771 | 0.015 | |
| Exponencial de 2 parámetros | 1.444 | 0.025 | 0.091 |
| Weibull | 0.205 | >0.250 | |
| Weibull de 3 parámetros | 0.238 | >0.500 | 0.485 |
| Valor extremo más pequeño | 3.217 | <0.010 | |
| Valor extremo por máximos | 0.349 | >0.250 | |
| Gamma | 0.240 | >0.250 | |
| Gamma de 3 parámetros | 0.208 | * | 1.000 |
| Logística | 0.863 | 0.014 | |
| Loglogística | 0.569 | 0.096 | |
| Loglogística de 3 parámetros | 0.317 | * | 0.178 |
| Transformación de Johnson | 0.221 | 0.825 | |

Al momento de realizar la identificación del tipo de distribución individual nos da a conocer que nuestros datos del tiempo entre llegadas siguen una distribución de tipo Weibull de 3 parámetros.

**Figura 11.** Identificación del tipo de distribución del tiempo entre llegadas.

### 5.  Generación del modelo preliminar en el simulador

Fundamentado en la información obtenida dentro del análisis de datos se prosigue a general un modelo lo mas cercano posible a la realidad del problema bajo estudio, haciendo uso del simulador en uso SIMIO. Logrando obtener de una manera grafica y entendible la simulación a realizar.

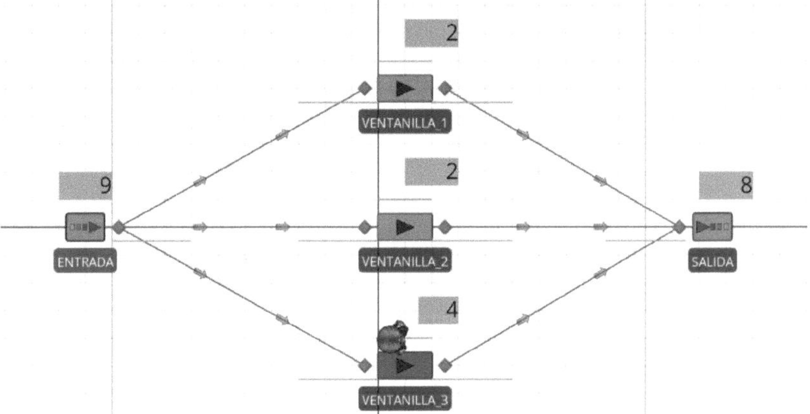


**Figura 12.** Modelo preliminar.

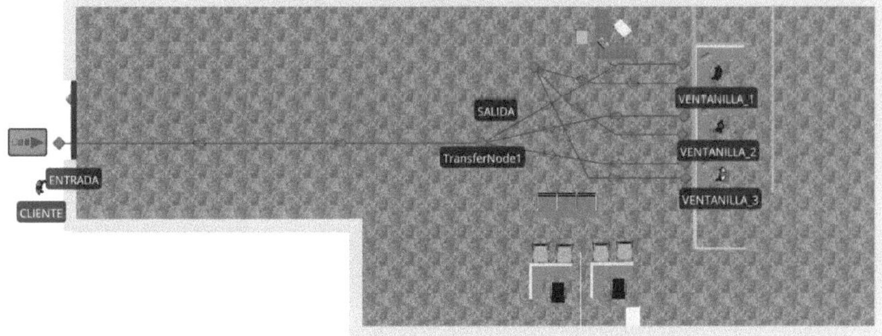


**Figura 13.** Modelo preliminar de ventanillas.

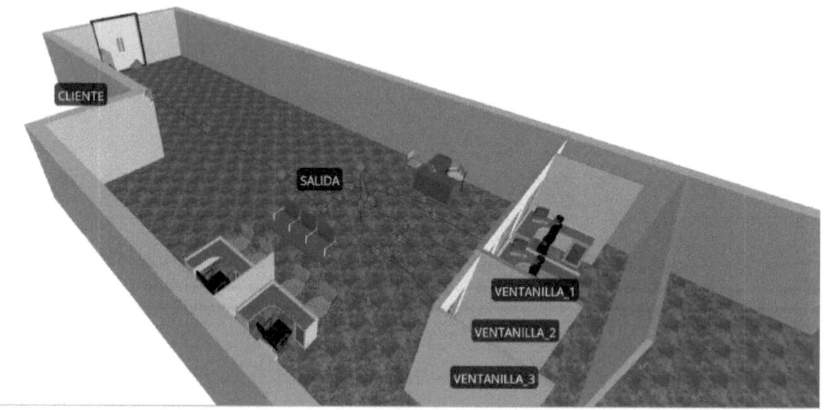


**Figura 14.** Modelo preliminar de ventanillas.

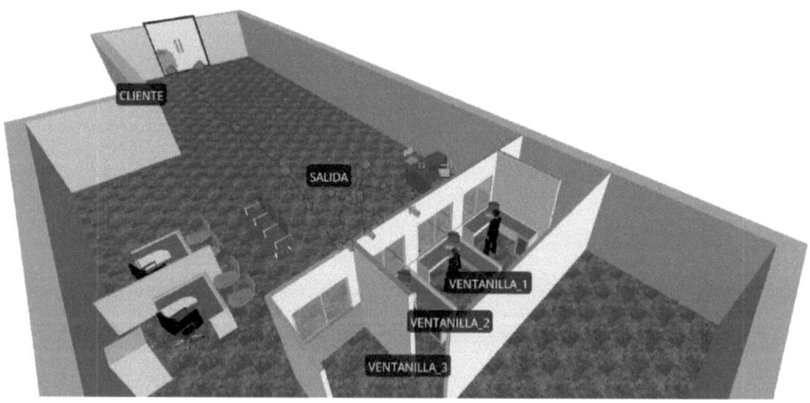


**Figura 15.** Modelo preliminar de ventanillas.

## 6. Verificación y validación del modelo

Para la verificación y validación del modelo se toman a consideración los pasos anteriores, pues en este, es donde se verifican los datos ingresados, con el objetivo final de producir un modelo preciso y creíble, consistiendo en verificar que todos los elementos de datos y valores sean válidos. La validación devolverá los procesos ejecutados a su estado inicial preparado para ejecutarse, demostrando de tal manera que todos los parámetros utilizados en la simulación funcionen correctamente.

**Tiempo en el servicio**

Para el tiempo en el servicio los intervalos que se obtuvieron fueron los siguientes:

**Ventanilla 1**

Debido a que los datos siguen una distribución de tipo normal, se utiliza la estadística t-student para el cálculo de los intervalos.

**Tabla 13.** Límites para validar el tiempo en ventanilla 1.

| Fórmula | LI | LS |
|---|---|---|
| $IC = \bar{x} \mp \dfrac{S}{\sqrt{r} * tstudent}$ <br><br> $\bar{x} = Media$ <br> $S = Desviación\ estándar$ <br> $r = Número\ de\ Réplicas$ | $LI = 172.23 - \dfrac{60.91}{\sqrt{155 * 1.97}}$ | $LS - 172.23 + \dfrac{60.91}{\sqrt{155 * 1.97}}$ |
| | $LI = 162.57\ seg$ | $LS = 181.902\ seg$ |

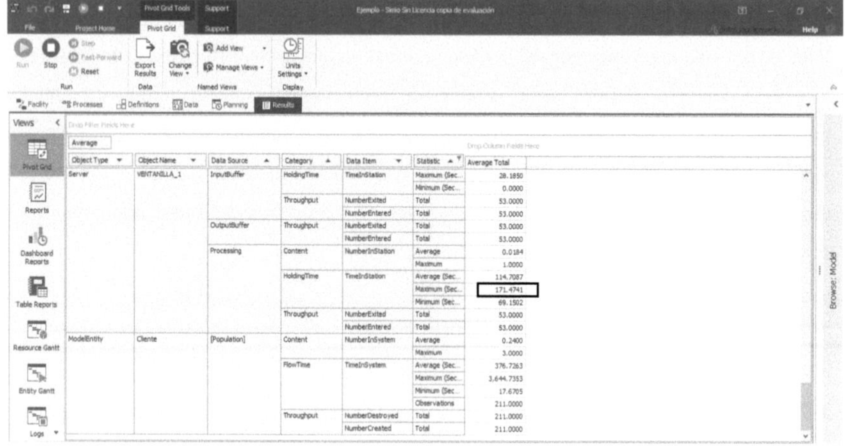

**Figura 16.** Resultados del simulador en ventanilla 1.

De tal manera, podemos decir que los datos arrojados por el simulador se encuentran dentro de los intervalos calculados para el tiempo de servicio en ventanilla 1, ya que 171.4741 seg es menor que 181.902 seg y mayor que 162.57 seg.

**Ventanilla 2**

**Tabla 14.** Límites para validar el tiempo en ventanilla 2.

| Fórmula | LI | LS |
|---|---|---|
| $IC = \bar{x} \mp \dfrac{S}{\sqrt{r * tstudent}}$  $\bar{x} = Media$ | $LI = 115.61 - \dfrac{68.28}{\sqrt{155 * 1.97}}$ | $LS = 115.61 + \dfrac{68.28}{\sqrt{155 * 1.97}}$ |
| $S = Desviación\ estándar$  $r = Número\ de\ Réplicas$ | $LI = 104.78\ seg$ | $LS = 126.45\ seg$ |

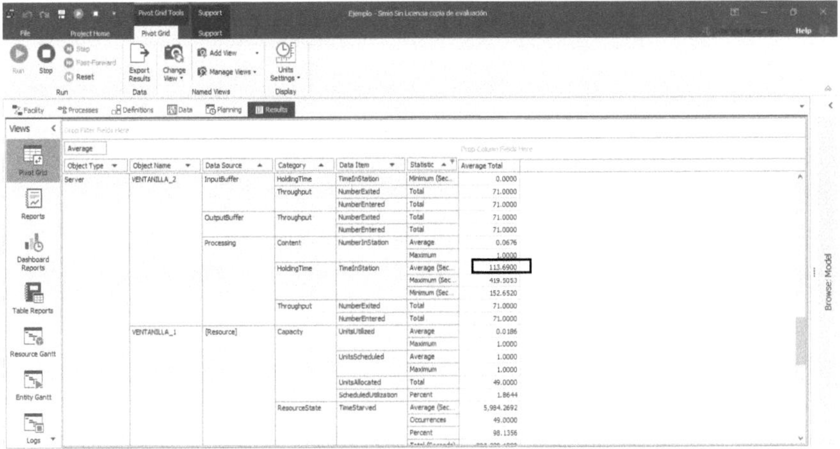

**Figura 17.** Resultados del simulador en ventanilla 2.

De manera general, podemos decir que los datos arrojados por el simulador se encuentran dentro de los intervalos calculados para el tiempo de servicio en ventanilla 2, debido a que 104.7801 <113.69 seg < 126.45 seg.

**Ventanilla 3**

Debido a que la distribución que siguen los datos de ventanilla 3 no es normal su cálculo es realizado con el nivel de significancia.

**Tabla 15.** Límites para validar el tiempo en ventanilla 3.

| Fórmula | LI | LS |
|---|---|---|
| $IC = \bar{x} \mp \dfrac{S}{\sqrt{r * \alpha}}$ <br> $\bar{x} = Media$ <br> $S = Desviación\ estándar$ <br> $r = Número\ de\ Réplicas$ | $LI = 127.72 - \dfrac{65.6782}{\sqrt{155 * 0.05}}$ <br><br> $LI = 104.13\ seg$ | $LS = 127.72 + \dfrac{65.6782}{\sqrt{155 * 0.05}}$ <br><br> $LS = 151.31\ seg$ |

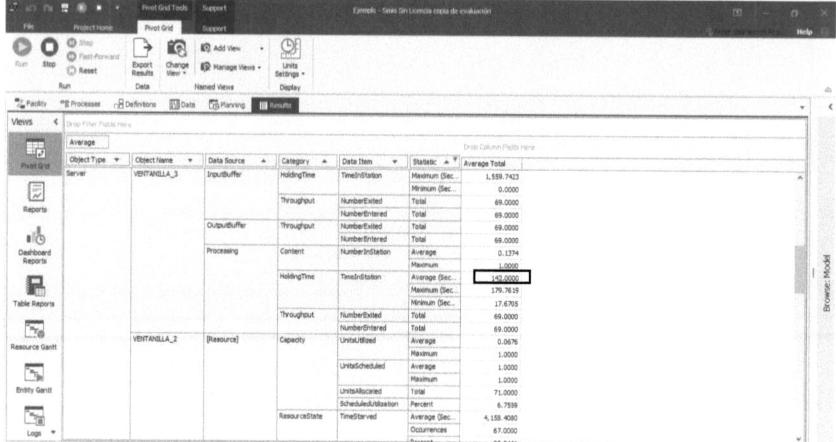

**Figura 18.** Resultados del simulador en ventanilla 3.

Por lo tanto, podemos decir que los datos obtenidos del simulador se encuentran dentro de los intervalos calculados para el tiempo de servicio en ventanilla 3, ya que 142 seg es menor que 151.31 seg y mayor que 104.13 seg.

**Tiempo entre llegadas**

Para lograr validar el modelo de simulación, se dice, que de acuerdo a los datos capturados durante el tiempo entre llegadas los clientes llegan en un promedio de 56.18 segundos cada uno, eso quiere decir que durante un transcurso de 3 horas llegaran 192 clientes. Siendo así que en el simulador nos arroja en el mismo lapso de tiempo una cantidad de 189 clientes, siendo esta semejante a la realidad.

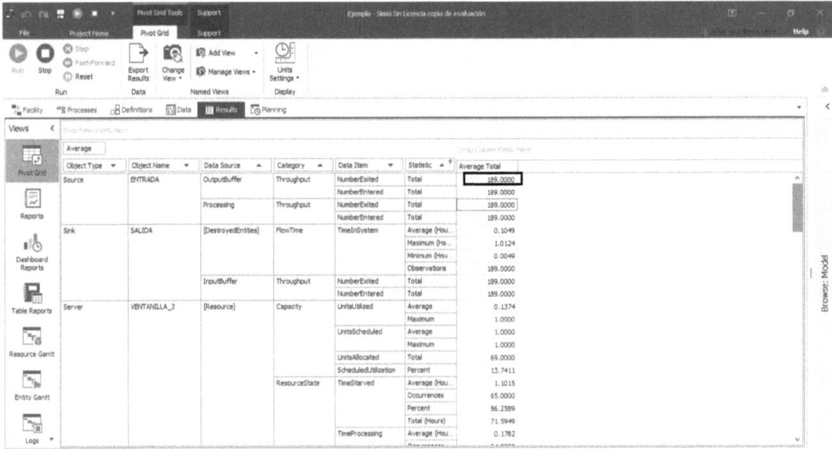

**Figura 19.** Validación del tiempo entre llegadas.

## 7. Generación del modelo final

Dentro de esta sección queda plasmado el modelo de simulación base, el cual servirá de apoyo para determinar las posibles soluciones, al igual que las distintas estrategias viables a implementar para su realización.

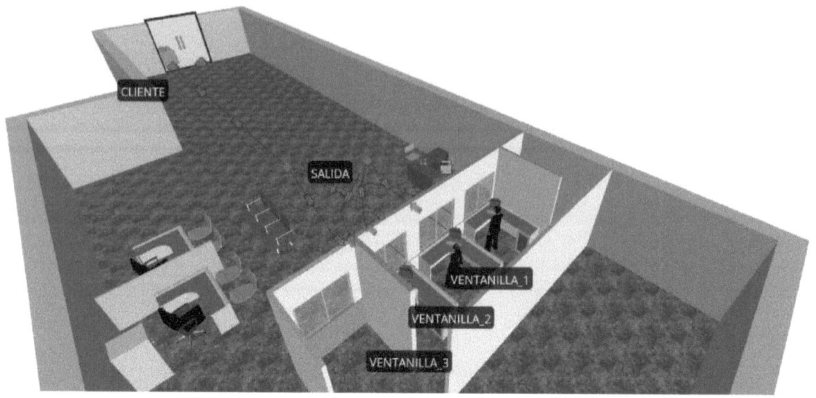


**Figura 20.** Modelo de simulación base.

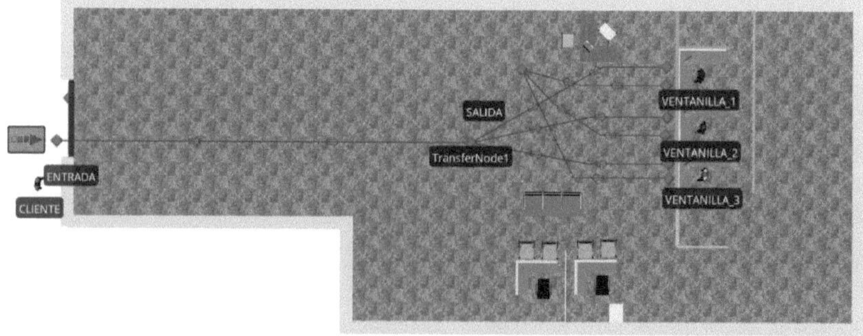


**Figura 21.** Modelo de simulación base.

## 8. Determinación de los escenarios para el análisis

El tiempo dentro de un servicio es una de las variables primordiales para lograr sacar ventajas al momento de tomar las decisiones de estrategias a implementar. Plasmando los siguientes escenarios:

## Cajero automático

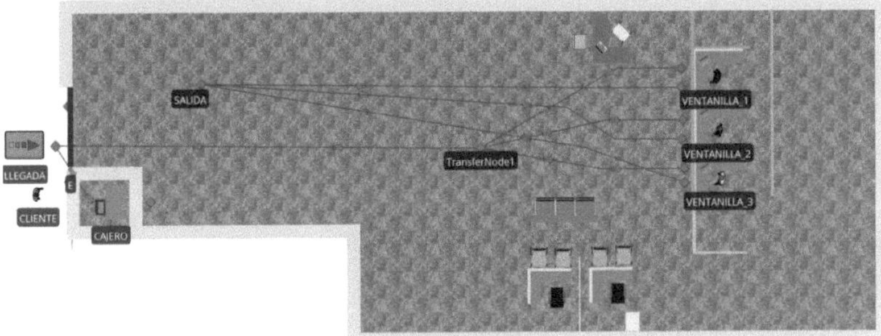


**Figura 22.** Modelo de estrategia (cajero automático).

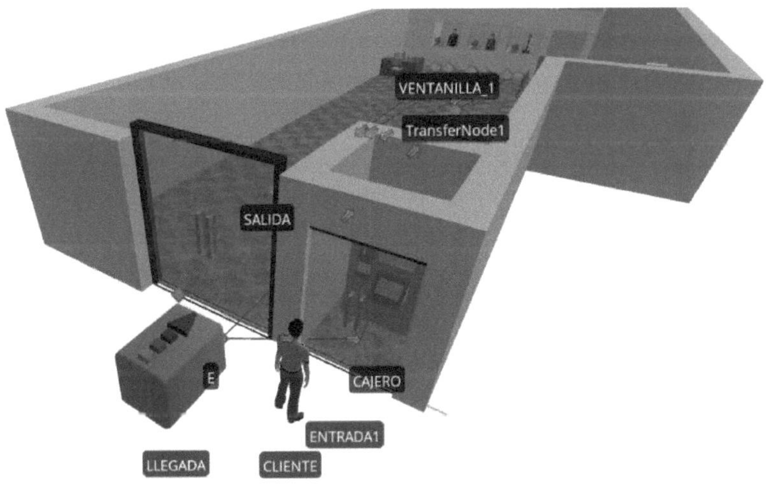


**Figura 23.** Modelo de estrategia (cajero automático).

## Fila exprés

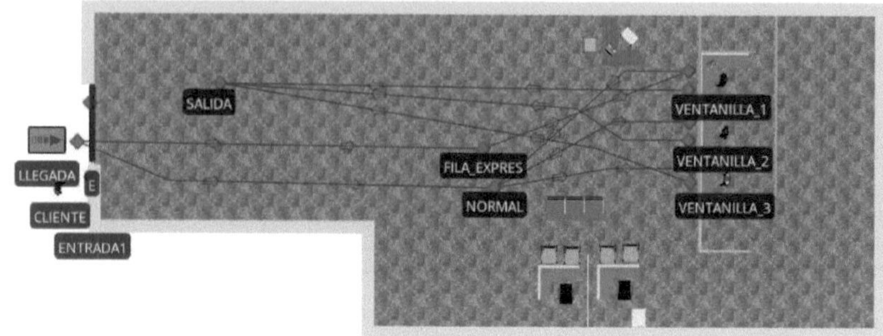


**Figura 24.** Modelo de estrategia (fila exprés).

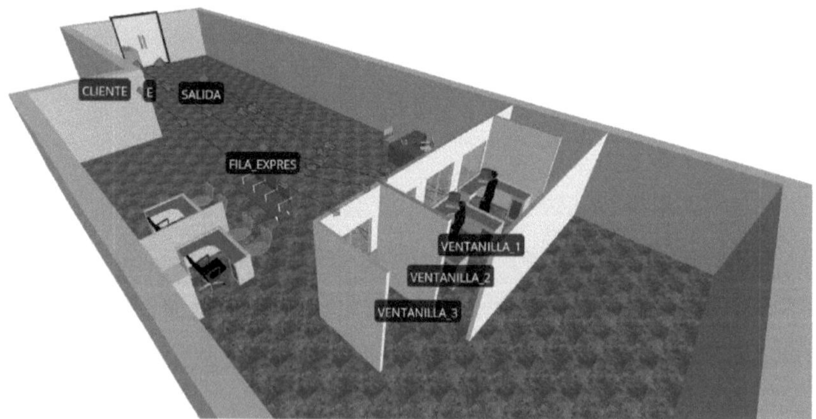


**Figura 25.** Modelo de estrategia (fila exprés).

## Estandarización de procesos

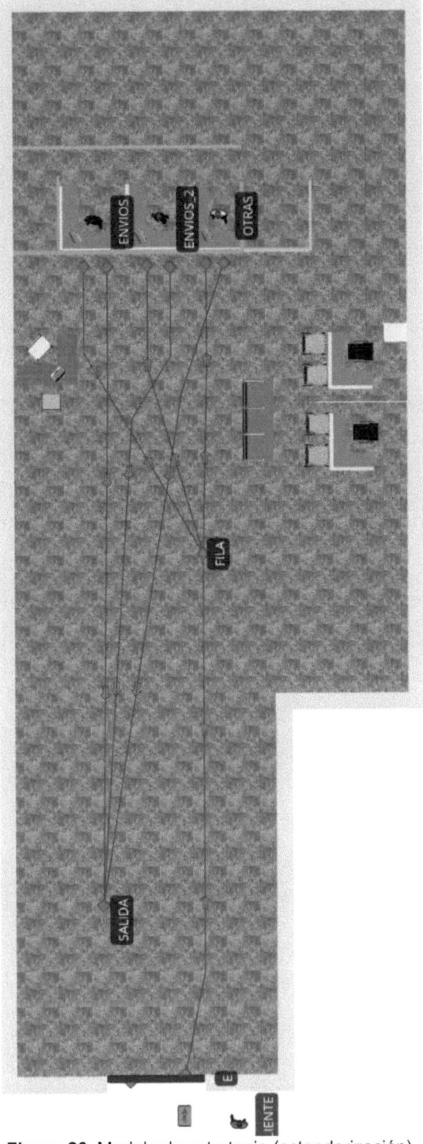


**Figura 26.** Modelo de estrategia (estandarización).

### 9. Sugerencias y recomendaciones.

La exactitud en la medición de los tiempos de llegada y de servicio son muy importantes para efectuar una toma de decisiones racional fundamentada en la simulación, la cual es una fuente confiable de solución a la problemática dentro de la organización, por ello y de manera general se recomienda a la empresa implementar un cajero automático que permita a los usuarios realizar operaciones como lo son retiro de cuenta, deposito a cuenta o pagos, respectivamente, al ser operaciones de rapidez o emergencia no es prudente ni satisfactorio para el cliente esperar en una fila para realizarlas, o bien para ampliar la cobertura del servicio y de la misma forma satisfacer las necesidades de los clientes, es oportuno estandarizar el proceso que se realiza en ventanillas siendo así que 2 ventanillas se destinen únicamente para otorgar envíos de dinero ya que esta operación abarca el 50% de las necesidades requeridas por los clientes y 1 para las operaciones de retiro de cuenta, depósitos a cuenta o pagos, reduciendo así las probabilidades de que haya confusiones entre una operación y otra, además de la rapidez que implica que estén estandarizados, proporcionando capacitación a los trabajadores para dominar completamente su labor y así su jornada laboral tenga un uso optimo en la atención a los clientes, en caso de que haya probabilidad de que los trabajadores tengan tiempo ocio por no haber clientes que vayan a realizar alguna de las operaciones que ellos realicen pueden adaptarse a las actividades extraordinarias que también se requieren, por ejemplo, la bóveda respecto al dinero almacenado, objetos de valor o documentación siendo esta la más común y necesaria.

Finalmente, como estrategia final es oportuno implementar la fila express sobre la fila general la cual dé prioridad a los clientes que acuden mayor cantidad de veces o bien, a los usuarios con cuenta en Banco Azteca, según la empresa lo decida. Con el fin de visualizar una mayor reducción sobre el tiempo de espera en fila, mejora continua en el servicio principal y por ende la elevación en cuanto a la satisfacción del cliente.

## CONCLUSIONES

Una vez terminado el proyecto y las partes que lo conforman se concluye que efectivamente la empresa cuenta con una problemática latente como lo son las largas filas de espera para recibir atención en ventanillas. Principalmente para analizar el problema se realizó un estudio de mercado que dio a conocer ciertas causas, preferencias y horarios que los clientes arrojaron respecto al servicio, para proceder con la recolección de datos sobre el tiempo de llegadas y servicio, pertenecientes a uno de los pasos de la metodología para posteriormente hacer pruebas estadísticas e identificar la distribución que siguen, para después reflejar esa información en un simulador para generar los modelos muy similares a la realidad y determinar la validez del mismo para poder crear así escenarios y obtener una respuesta lógica con fundamento en lo analizado.

Para que los resultados del estudio tengan un valor para la organización se recomienda a la empresa Elektra Banco Azteca, implementar un cajero automático que permita a los usuarios realizar operaciones como lo son retiro de cuenta, deposito a cuenta o pagos, respectivamente, al ser operaciones de rapidez o emergencia no es prudente ni satisfactorio para el cliente esperar en una fila para realizarlas, o bien para ampliar la cobertura del servicio y de la misma forma satisfacer las necesidades de los clientes es oportuno estandarizar el proceso que se realiza en ventanillas siendo así que 2 ventanillas se destinen únicamente para otorgar envíos de dinero ya que esta operación abarca el 50% de las necesidades requeridas por los clientes y 1 para las operaciones de retiro de cuenta, depósitos a cuenta o pagos, reduciendo así las probabilidades de que haya confusiones entre una operación y otra, además de la rapidez que implica que estén estandarizados, proporcionando capacitación a los trabajadores para dominar completamente su labor y así su jornada laboral tenga un uso óptimo en la atención a los clientes, en caso de que haya probabilidad de que los trabajadores tengan tiempo ocio por no haber clientes que vayan a realizar alguna de las operaciones que ellos realicen pueden adaptarse a las actividades extraordinarias que también se requieren, por ejemplo, la bóveda respecto al dinero almacenado, objetos de valor o documentación siendo esta la más común y necesaria.

De manera general y para seguir mejorando la entidad bancaria o bien para darle un plus a sus estrategias de atención es oportuno implementar la fila Express sobre la fila general la cual dé prioridad a los clientes que acuden mayor cantidad de veces o bien, a los que tienen cuenta con

Banco Azteca, según la empresa lo decida. Con el fin de visualizar una mayor reducción sobre el tiempo de espera en fila, mejora continua en el servicio principal y por ende la elevación en cuanto a la satisfacción del cliente.

## COMPETENCIAS DESARROLLADAS Y/O APLICADAS

- Analizar modelar desarrollar y experimentar un sistema de servicio a través de la simulación de eventos discretos, con el fin de conocerlos con claridad o mejorar su funcionamiento, aplicando herramientas matemáticas

- Formula soluciones óptimas para generar una mejor alternativa para la toma de decisiones aplicando conceptos de los modelos matemáticos, técnicas y algoritmos.

- Analizar problemas de líneas de espera de producción de bienes o servicios, para determinar su dimensionamiento en los recursos asignados y mediante la simulación obtener posibles soluciones considerando también aspectos sociales de sustentabilidad y costos.

- Toma de decisiones apoyada en la modelación y simulación por computadora aplicable a las situaciones propias de la actividad empresarial.

- Habilidad para buscar y analizar información proveniente de fuentes diversas.

- Capacidad de organizar y planificar.

- Capacidad de generar nuevas ideas (creatividad)

- Capacidad de solución de problemas.

- Habilidades de investigación.

- Habilidad para trabajar de forma autónoma.

## REFERENCIAS BIBLIOGRÁFICAS

Berman, B. (19 de Marzo de 2014). *admymercadeo.blogspot.com*. Obtenido de Entornos de sistemas de servicio: https://admymercadeo.blogspot.com/2014/03/dimensiones-del-entorno-de-servicio.html?m=1

Constantin, I. (2002). Obtenido de https://intellectum.unisabana.edu.co/bitstream/handle/10818/34624/TESIS%20EDNA%20PEREZ.pdf?sequence=1&isAllowed=y

Díaz, J. (2011). *Monografías.com*. Obtenido de https://www.monografias.com/trabajos87/sistemas-general/sistemas-general.shtml

Fadell, A. (15 de mayo de 2007). *http://sedici.unlp.edu.ar/*. Obtenido de http://sedici.unlp.edu.ar/bitstream/handle/10915/84843/Documento_completo.pdf?sequence=1&isAllowed=y

Ferreira, M. M. (2005). *Gestiopolis*. Obtenido de https://www.gestiopolis.com/teoria-de-colas/

Gamez, E. (2018). *Repository.ucatolica.edu.com*. Obtenido de https://repository.ucatolica.edu.co/bitstream/10983/16100/1/Elvira%20Gamez%20-%20Trabajo%20de%20grado%20-%20PROPUESTA%20DE%20MEJORA%20MEDIANTE%20MODELO%20DE%20TEOR%C3%8DA%20DE%20COLAS%20PARA%20EL%20.pdf

García. (Diciembre de 2004). *Scielo.org*. Obtenido de http://www.scielo.org.mx/scielo.php?script=sci_arttext&pid=S1870-04622011000300004

Garcia, C. (Junio de 2009). *http://ri.ues.edu.sv/*. Obtenido de http://ri.ues.edu.sv/id/eprint/12510/1/19200861.pdf

García, S. (2006). Obtenido de https://www.um.es/or/ampliacion/apuntes.html

Gil, A. (2019). *Ingenio en marcha*. Obtenido de https://agiltools.com/blogsp/simulacion/

Gómez, R. C. (2017). *nulan.mdp*. Obtenido de http://nulan.mdp.edu.ar/1622/1/17_modelos_lineas_espera.pdf

Gómez, R. C. (16 de Enero de 2017). *nulan.mdp.edu.ar*. Obtenido de Longitud de fila: http://nulan.mdp.edu.ar/1622/1/17_modelos_lineas_espera.pdf

Hernández, M. L. (2013). *aec.es*. Obtenido de https://www.aec.es/web/guest/centro-conocimiento/satisfaccion-del-cliente

Jiménez, F. A. (2008). Obtenido de file:///C:/Users/invitado_2/Downloads/154-Texto%20del%20art%C3%ADculo-454-1-10-20110328%20(2).pdf

Jiménez, S. C. (2 de Febrero de 2013). *sites,google.com*. Obtenido de Entornos de un sistema: https://sites.google.com/site/ingenieriadesistemasitt/1-2-3-entorno-o-medio-ambiente-de-los-sistemas

Joa, I. E. (2018). *Scielo*. Obtenido de http://scielo.sld.cu/scielo.php?script=sci_arttext&pid=S1684-18592018000100002

Junco, E. Y. (2018). *Intellectum*. Obtenido de https://intellectum.unisabana.edu.co/bitstream/handle/10818/34624/TESIS%20EDNA%20PEREZ.pdf?sequence=1&isAllowed=y

Lazarri, L. L. (2013). *core.ac*. Obtenido de https://core.ac.uk/download/pdf/235064103.pdf

Lopéz, A. (2017). *Universidas Santo Tomás*. Obtenido de http://soda.ustadistancia.edu.co/enlinea/2do%20MOMENTO%20INVESTIGACION%20DE%20OPERACIONES%20ALEXANDRA/formulacin_modelo.html

Lucila, M. (2016). *Monografías.com*. Obtenido de https://www.monografias.com/trabajos71/teoria-colas/teoria-colas2.shtml

Martínez, F. M. (23 de Mayo de 2005). *gestiopolis.com*. Obtenido de Utilización de las instalaciones de servicio: https://www.gestiopolis.com/teoria-de-colas/

Martínez, M. (24 de Mayo de 2017). Obtenido de https://www.gestiopolis.com/teoria-de-colas/

Monasterio, J. (2018). *blogs.deusto.es*. Obtenido de https://blogs.deusto.es/master-informatica/un-recorrido-por-la-historia-de-los-si/

Montoya, L. M. (2010). *Redalyc*. Obtenido de https://www.redalyc.org/pdf/849/84920977012.pdf

Moulia, P. I. (2013). *acore.ac*. Obtenido de https://core.ac.uk/download/pdf/235064103.pdf

Paz, R. C. (2016). *nulan.mdp.edu.ar*. Obtenido de http://nulan.mdp.edu.ar/1622/1/17_modelos_lineas_espera.pdf

Piguave, M. N. (Mayo de 2018). *eumed.net*. Obtenido de Instalaciones servicios : https://www.eumed.net/rev/caribe/2018/05/instalaciones-fabrica-servicios.html

Pita, K. P. (2013). *aulafacil.com*. Obtenido de https://www.aulafacil.com/cursos/administracion/sistema-gestion-calidad-iso-9001-

enfoque-por-procesos-elaboracion-de-manuales-iso-10013-y-directrices-para-auditoria/conceptos-basicos-de-calidad-l36563

Porto, J. P. (2012). *definicion.de*. Obtenido de https://definicion.de/eficiencia/

Pozo, J. (29 de Julio de 2021). *El viaje del cliente*. Obtenido de https://elviajedelcliente.com/tiempo-de-respuesta-en-atencion-al-cliente/

Ramírez, J. (2019). *Galileo Universidad*. Obtenido de https://www.simio-simulacion.es/

Reza M, G. E. (28 de Octubre de 2016). *http://metabase.uaem.mx/*. Obtenido de http://metabase.uaem.mx/bitstream/handle/123456789/558/4.-_Fenomenos_de_espera.pdf

Roldán, J. M. (2007). *jomaneliga.es*. Obtenido de http://www.jomaneliga.es/PDF/Administrativo/Calidad/Conceptos_basicos_de%20calidad.pdf

Rosas, M. (12 de Noviembre de 2016). *http://catarina.udlap.mx/*. Obtenido de http://catarina.udlap.mx/u_dl_a/tales/documentos/lem/garduno_a_f/capitulo2.pdf

Salazar, H. G. (2013). *Control estadístico de la calidad y seis sigma* (Tercera edición ed.). México, D.F: McGraw-Hill.

Torres, V. C. (2016). *Calidad total en la atenciaón al cliente*. Ciudad de México: Ideas Propias.

Ucha, F. (2012). *definiciónabc.com*. Obtenido de https://www.definicionabc.com/negocios/satisfaccion-del-cliente.php

Universidad, G. (11 de Marzo de 2020). *Galileo.edu*. Obtenido de https://www.galileo.edu/trends-innovation/simio-software-analizar-simulaciones-sistemas/

Vinueza, B. V. (2017). *revistas.uta*. Obtenido de https://revistas.uta.edu.ec/erevista/index.php/enfi/article/view/466/789

# I want morebooks!

Buy your books fast and straightforward online - at one of world's fastest growing online book stores! Environmentally sound due to Print-on-Demand technologies.

Buy your books online at
**www.morebooks.shop**

¡Compre sus libros rápido y directo en internet, en una de las librerías en línea con mayor crecimiento en el mundo! Producción que protege el medio ambiente a través de las tecnologías de impresión bajo demanda.

Compre sus libros online en
**www.morebooks.shop**

Printed by Books on Demand GmbH, Norderstedt / Germany